ELEMENTARTEILCHEN

GRUNDRISS

Vertiefungen

Anhang

GRUNDRISS

DIE ENTWICKLUNG DER ELEMENTARTEILCHENPHYSIK

Die den Sinnen zugängliche Welt kann auf eine ihnen verschlossene elementarere zurückgeführt werden – diese Grundidee der Elementarteilchenphysik ist nahezu 2500 Jahre alt. Sie tritt bei den Philosophen vor Sokrates (um 470 – 399 v. Chr.) in zwei Formen auf. Aus den Elementen Feuer, Wasser, Luft und Erde sollten, so zusammenfassend der bis zur Wissenschaftlichen Revolution des 16. und 17. Jahrhunderts ungemein einflussreiche altgriechische Philosoph Aristoteles (384–322 v.Chr.), die Gegenstände direkter Beobachtung aufgebaut sein. Hinzu sollte ein fünftes Element namens Äther kommen, in das die Bewegungen der Himmelskörper eingebettet seien. Diese Theorie des Aristoteles ist in heutiger Terminologie eine Feldtheorie: Den Raum kontinuierlich ausfüllende Substanzen sollten in verschiedenen Durchmischungen allgegenwärtig sein und alles überhaupt Existierende ausmachen. Leeren Raum, reinen Zwischenraum, sollte es nicht geben. Dieser Lehre stand die der Atomisten Leukipp und Demokrit (beide um 400 v.Chr.) gegenüber, die sich alles Existierende aus unteilbaren, endlich ausgedehnten »diskreten« Einheiten – den Atomen – und leerem Raum zwischen ihnen aufgebaut dachten. Die Atome, so dachten sie, können sich sowohl ungeordnet durch den Raum bewegen, als auch Aggregate bilden: »Es gibt nichts als die Atome und den leeren Raum zwischen ihnen.«

Teilchen und Felder

Diese Grundideen sind bis heute erhalten geblieben. Die mittlerweile traditionelle Physik der »Felder und Teilchen« stellt kontinuierliche

Felder an den Anfang – ein Beispiel bilden die elektromagnetischen Wellen des Lichtes – und leitet von ihnen durch einen Prozeß namens Quantisierung die diskreten Teilchen – in unserem Beispiel die Photonen – ab. Hierauf beruht, dass die Elementarteilchen in Klassen eingeteilt werden können, deren Mitglieder immer und überall dieselben Eigenschaften wie Masse, Spin und Ladungen besitzen: Sie sind alle Abkömmlinge desselben Feldes. Verschieden können Eigenschaften wie Orte und Geschwindigkeiten sein, die vom Standpunkt des Beobachters abhängen. Teilchen sind hiernach Bündel von Energie, Impuls, Drehimpuls, Ladungen und anderen Eigenschaften des Feldes, von dem sie abstammen.

Damit das Universum uns bei heute erreichbaren Energien so erscheint, als besitze es drei räumliche und eine zeitliche Dimension, müssen alle anderen Dimensionen, wenn es sie denn gibt, gekrümmt sein, und zwar – nach Auskunft der Stringtheorien – so, dass sie erst bei geringeren Abständen als 10^{-35} Meter nachweisbar werden. Zu einer so feinen Auflösung sind Energien erforderlich, welche die in absehbarer Zeit an Beschleunigern erreichbaren, die heute bis zu der Auflösung von 10^{-20} Meter reichen, um den Faktor 10^{15} übersteigen.

Energieskalen

S. 122

Welche Energien als hoch einzustufen sind, definiert die **Planckskala**. Gegenwärtige Theorien der Elementarteilchen sparen die Allgemeine Relativitätstheorie aus. Dies zu Recht, denn Energiekonzentrationen, bei denen die Schwerkraft einen merklichen Einfluss auf das Verhalten von Elementarteilchen ausüben könnte, verfehlen heutige Beschleuniger um den in absehbarer Zukunft unüberwindbaren Faktor 10^{15}. Wohl aber kann gefragt werden, ob Prinzipien wie Lokalität, Symmetrie und die konsistente Berechnungen erst ermöglichende Renormierbarkeit allgemeingültig sind.

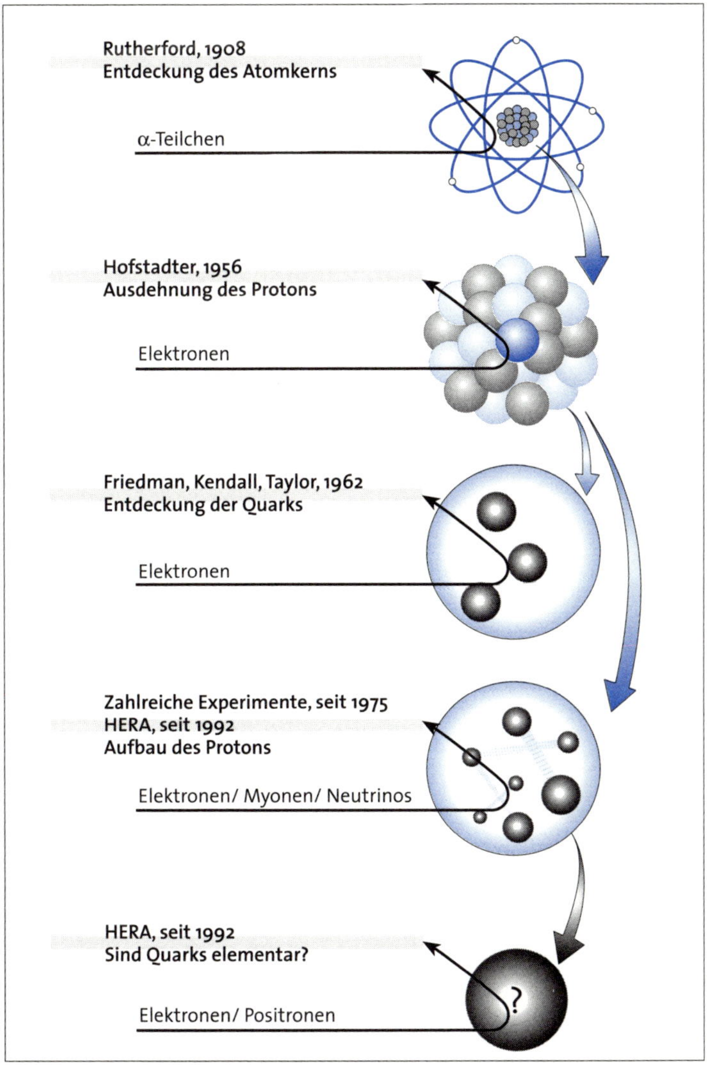

Abb. 1: Entscheidende Schritte auf dem Weg zu den Quarks – und darüber hinaus?

Gluonen	Photon	W- und Z-Boson	Graviton
Träger der:			
starken Kraft	elektro-magnetischen Kraft	schwachen Kraft	Gravitations-kraft
Wirken auf:			
Quarks, Gluonen	Quarks, geladene Leptonen und W-Bosonen	Quarks und Leptonen	alle Teilchen
Verantwortlich für:			
Zusammenhalt des Protons, des Neutrons und der Atom-kerne	Chemie, Elektrizität und Magnetismus	Radioaktivität, Prozesse in der Sonne	Zusammenhalt der Erde, der Sonne, des Planeten-systems
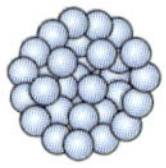	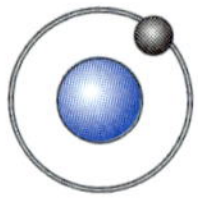	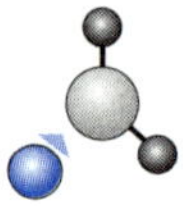	

Abb. 2: Die vier Grundkräfte, ihre Austauschteilchen und ihre Reichweiten

Bereits diese Prinzipien können erklären, dass die Masse des Protons um den Faktor 10^{19} kleiner ist als die der Planckenergie entsprechende Planckmasse. Die Prinzipien implizieren nämlich, dass die Stärken der Wechselwirkungen von Elementarteilchen von der Energie abhängen. Insbesondere nimmt die Stärke der Wechselwirkung von Quarks und Gluonen, welche das Proton als gebundenen Zustand von drei Quarks ermöglicht, mit abnehmender Energie zu.

Quarks – das sind neben den Gluonen die elementaren Träger der Starken Wechselwirkung, welche die Atomkerne zusammenhält und zerfallen sowie fusionieren lässt. Unser gegenwärtiges Wissen von den Elementarteilchen und ihren Wechselwirkungen fasst das Standardmodell der Elementarteilchentheorie zusammen.

Leptonen		Quarks	
Elektron Masse 0,0005 GeV	**Elektron-Neutrino** Masse < 3 eV	**UP** Masse ≈ 0,004 GeV	**Down** Masse ≈ 0,007 GeV
Myon Masse 0,1 GeV	**Myon-Neutrino** Masse < 0,0002 GeV	**Charm** Masse ≈ 1,3 GeV	**Strange** Masse ≈ 0,15 GeV
Tau Masse 1,8 GeV	**Tau-Neutrino** Masse < 0,018 GeV	**Top** Masse ≈ 174 GeV	**Bottom** Masse ≈ 4,2GeV

Abb. 3: Die Familien der Leptonen und Quarks

Die nach Auskunft des Modells elementarsten der elementaren Teilchen, aus denen alle überhaupt existenzfähigen aufgebaut sind und vermöge derer sie wechselwirken, fasst die Abb. 4 in drei Blöcken zusammen. Hinzu kommen die Antiteilchen der Teilchen, die es nach Auskunft der Theorie geben muss und gibt, sowie das einzige Teilchen des Standardmodells, das experimentell bisher nicht nachgewiesen werden konnte, das Higgs-Boson. Zur Einteilung: Die Quarks sind Teilchen mit, die Leptonen ohne Starke Wechselwirkung. Zusammen treten sie in den Familien 1, 2 und 3 auf. Hinzu kommen die Austauschteilchen der rechten Spalte. Von den vier grundlegenden Wechselwirkungen, auf die alle Erscheinungen laut heutiger Überzeugung zumindest im Prinzip sollen zurückgeführt werden können, stehen sie für drei: für die Schwache (Z und W), die Elektromagnetische (Photon γ)und die Starke Wechselwirkung (Gluon g); hinzukommt die Schwerkraft mit ihrem Austauschteilchen, dem Graviton. Ohne die Austauschteilchen der Abbildung gäbe es keine Wechselwirkung irgendeines Quarks oder Leptons mit irgendeinem anderen – die Gravitation weiterhin ausgenommen.

Protonen und Neutronen unserer Alltagswelt sind aus jeweils drei Quarks der Typen u und d aufgebaut. Sie sind die Bausteine der Atomkerne; hinzu kommen in den Atomen und Molekülen die Elektronen. Sieht man von subtilen Effekten ab, braucht es für den Aufbau der uns umgebenden Welt keine weiteren Materieteilchen. Wohl aber für deren Verständnis! Ohne Antiteilchen ist keine Theorie der um uns herum auftretenden Materie, die auch uns ausmacht, konsistent. Erst seitdem die Physik der Elementarteilchen in ihrem Standardmodell bei den Teilchen der Abb. 4 und ihren Wechselwirkungen angekommen ist, kann sie sich rühmen, alle Reaktionen irdischer Elementarteilchen zumindest im Prinzip zu verstehen.

Nun zu den Austauschteilchen der Abbildung: Ohne sie würden die Materieteilchen von u und d über e und ν_e bis zu τ miteinander nur durch die bei gegenwärtigen Energien vernachlässigbar kleinen Einflüsse der Schwerkraft wechselwirken. Als erstes Beispiel für von Austauschteilchen vermittelte Wechselwirkungen soll uns die Wechselwirkung eines negativ geladenen Elektrons e^- mit einem positiv oder negativ geladenen Teilchen $T^\pm$, z.B. einem positiv geladenen Myon μ^+, dienen (Abb. 5). Sie wechselwirken nach dem Vorbild der Vertices 1 und 4 der Abb. 39 (hintere Umschlagseite) durch den Austausch von Photonen γ und Z-Teilchen miteinander, wobei die Einflüsse der stets möglichen Iterationen umso kleiner sind, je häufiger sie auftreten. Durch die hochgestellten Symbole +, 0 und – bezeichnen wir die elektrischen Ladungen 1, 0 und –1 von Elementarteilchen.

Weil die Planckskala die Skala der Schwerkraft ist, kann der Traum der Physik von einer die vier bei niedrigen Energien verschieden starken Kräfte vereinigenden Theorie nur Wirklichkeit werden, wenn die drei zwischen den Elementarteilchen wirkenden Kräfte – die Schwache, die Elektromagnetische und die Starke Kraft – bei der Energie, welche der Planckmasse entspricht, so stark – besser: so schwach – sind, wie es die Schwerkraft tatsächlich ist. Mangels Masse der Quarks kann die Schwerkraft diese sicher nicht in einem Verbund

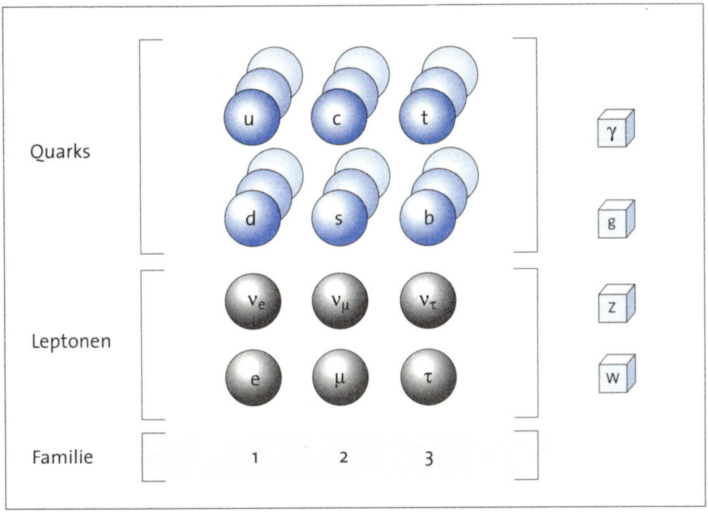

Abb. 4: Die Elementarteilchen des Standardmodells und die ihnen zugeordneten Austauschteilchen. Hinzu kommt das Higgs-Boson, das als Einziges bisher (Frühjahr 2003) nicht experimentell nachgewiesen werden konnte.

wie dem Proton dauerhaft vereinigen. Aber die anderen Kräfte können das bei der Planckenergie infolge ihrer dortigen Schwäche auch nicht. Erst bei einer Energie, die um den bereits genannten Faktor 10^{19} geringer ist als die Planckenergie, wird die Kraft zwischen Quarks und Gluonen so stark, dass sie gebundene Zustände von Quarks, Antiquarks und Gluonen ermöglicht. Das Proton ist einer davon, das Neutron ein anderer. Insgesamt kennt die Tabelle der Elementarteilchen mehrere hundert von ihnen mit Massen, die von 0,14 (das neutrale π-Meson) bis zu 12 Protonenmassen (das Y(11020)) reichen. Wenn gebundene Zustände existenzfähig sind, die das 1995 entdeckte top-Quark t mit der Masse von 186 Protonenmassen enthalten, erstrecken sich die Massen der aus Quarks und Antiquarks aufgebauten Teilchen deutlich über diesen Wert hinaus. Die Massen der

Austauschteilchen reichen von Null für γ (Photon) und g (Gluon) bis zu 86 und 97 Protonenmassen für *W* und *Z*.

Die 19 Größenordnungen von der Planckenergie herunter zu dem Energieäquivalent der Masse des Protons überbrückt die Theorie dadurch, dass ihr zufolge die Stärke der Kräfte nur sehr schwach – nur logarithmisch – von der Energie abhängt: Statt um den Faktor 10^{19} nimmt die Stärke der Wechselwirkung zwischen Quarks und Gluonen von der Planckskala bis zur Skala des Protons nur um einen Faktor wie 19 zu. Es ist die so erreichte Stärke, die zu Bildung und Erhalt gebundener Zustände von Quarks, Antiquarks und Gluonen ausreicht.

Masse und Ladung

Atome bestehen aus einem Kern und einer ihn umgebenden Hülle, deren Radius beim Wasserstoffatom um etwa den Faktor 10^5 größer ist als der des Kerns; beim Gold ist das Verhältnis etwa 10^3. Verglichen mit dem des Kerns kann der Aufbau der Hülle leicht verstanden werden: Sie besteht aus Elektronen, die den Kern umfliegen; Einzelheiten regelt die Quantenmechanik. Mit Ausnahme des Kerns des Wasserstoffatoms, der aus einem einzigen Proton besteht, sind alle Atomkerne aus einfach elektrisch geladenen Protonen und elektrisch neutralen Neutronen aufgebaut. Dass die Protonen »einfach elektrisch geladen« sind, bedeutet, dass sie mit Ausnahme des Vorzeichens dieselbe elektrische Ladung wie die Elektronen tragen. Warum das so sei, ist ein unter dem Namen »Quantisierung der Ladung« bekanntes Problem der Elementarteilchenphysik, das heute so formuliert werden kann: Warum sind alle direkt beobachteten elektrischen Ladungen der Welt entweder Null oder ganzzahlige Vielfache des Dreifachen der drittelzahligen Ladungen der Quarks? Hier verbergen sich zwei allem Anschein nach ganz verschiedene und voneinander unabhängige Fragen: Erstens die nach der Quantisierung der Ladungen der Quarks und Elektronen selbst – warum die Ladungen der Quarks dem Betrag nach exakt 1/3 oder 2/3 des Betrages der Ladung des Elektrons betragen –, und zweitens die Frage, warum die Quarks anders als in Verbünden mit ganzzahligen Ladungen weder angetroffen wurden, noch in Experimenten erzeugt werden konnten.

Die Atome und der leere Raum zwischen ihnen

Ironischerweise wurde die Idee der Atome erst ab 1896 durch den Nachweis ihrer Teilbarkeit allgemein akzeptiert. Vor allem zu nennen in diesem historischen Prozess sind zwei Entdeckungen: Erstens 1896 die der *natürlichen Radioaktivität* durch Antoine Henri Becquerel (1852 – 1908, Physiknobelpreis 1903), die schlussendlich nur durch Umwandlung von Atom*kernen* in andere verstanden werden konnte; zweitens die des Elektrons durch J. J. Thomson (1856–1940, Physiknobelpreis 1906) im Jahr 1897.

Im 20. Jahrhundert hat sich die Idee durchgesetzt, dass die Materie aus wenigen Typen von Elementarteilchen aufgebaut ist, die – wie es jeweils schien – nicht weiter geteilt werden können: aus Molekülen, Atomen, Elektronen, Atomkernen, Protonen und Neutronen und Quarks. Wieder und wieder hat sich die Liste der Elementarteilchen durch die Entdeckung geändert, dass bis dahin für unteilbar gehaltene Teilchen tatsächlich aus elementareren Bausteinen aufgebaut sind. Auf dieser Liste steht nur das Elektron seit seiner Entdeckung bis heute.

Die Entdeckung des Elektrons

Es war nicht eine im Prinzip planbare Erforschung der Elektrizität, die zur Entdeckung des Elektrons führte, sondern die Verbesserung der Leistung von Luftpumpen. Letztlich war es die Kathodenstrahlröhre, die Thomson die Entdeckung des Elektrons ermöglichte. Eine solche Röhre, heute Bestandteil aller konventionellen Fernseher, umschließt einen so weit luftleer gepumpten Raum, dass in ihm von einer an eine negative elektrische Spannung angeschlossenen Kathode ausgehende Strahlen 90 Zentimeter oder mehr unbeeinflusst von der Restluft fliegen können. Thomson ist es als Erstem gelungen, Kathodenstrahlen sowohl durch elektrische als auch durch magnetische Felder abzulenken. Zusammengenommen erlauben elektrische und magnetische Ablenkungen die Bestimmung des Verhältnisses der elektrischen Ladung zu der Masse des die Röhre durchfliegenden Teilchens. Dieses Verhältnis stellte sich als unabhängig von allen anderen Umständen des Experimentes heraus – als, wie wir heute wissen, Verhältnis der Ladung des Elektrons zu seiner Masse.

Streuexperimente

Wie aber sind die negativen elektrischen Ladungen der Elektronen und die ausgleichenden positiven in den Atomen verteilt? Das fand Ernest Rutherford (1871 – 1937, Chemienobelpreisträger 1908) im Jahr 1911 heraus auf der Grundlage von Experimenten, die er um 1907 angeregt hatte, und die sein junger Assistent Hans Wilhelm Geiger (1882–1945) zusammen mit dem Forschungsstudenten Ernest Marsden (1889 – 1970) durchführte. Dieses Experiment ist zum Vorbild zahlreicher anderer, der Erforschung des Aufbaus der Materie dienende Untersuchungen von **Streuprozessen** geworden und soll hier dargestellt werden. Aus einer Radium-Quelle stammende Strahlen von α-Teilchen – das sind Kerne des Elements Helium aus zwei Protonen und zwei Neutronen – treffen auf eine Goldfolie und werden durch sie abgelenkt. Lichtblitze, die sie auf Schirmen aus geeignet gewähltem Material verursachen, ermöglichen es, die Richtung der Ablenkung zu bestimmen. Das erstaunliche Ergebnis: Einige α-Teilchen werden um einen Winkel von 90 Grad und mehr abgelenkt. Ruther-

S.104

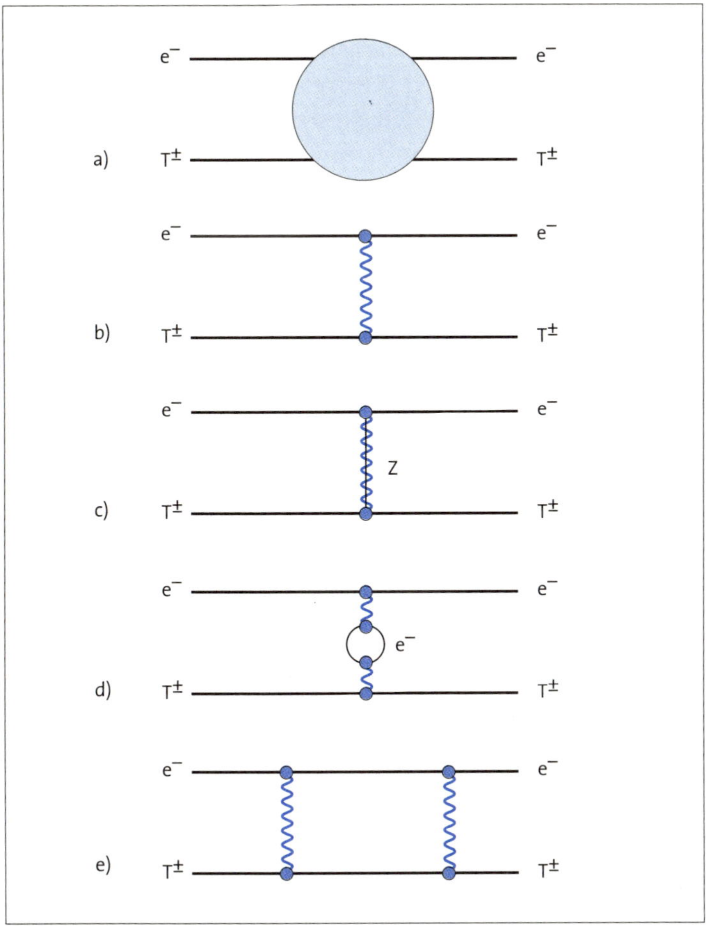

Abb. 5: Feynman-Diagramme (b–e), die zur elastischen Streuung (a) eines Elektrons und eines einfach negativ oder positiv elektrisch geladenen Teilchens T^- oder T^+ beitragen.

ford kommentierte damals: »Das war fast genauso unglaublich, als wenn eine auf ein Papierblatt abgefeuerte Granate umgekehrt wäre und den Schützen getroffen hätte.« Seine Schlussfolgerung war, dass nahezu die gesamte Masse eines Atoms zusammen mit dessen positiver Ladung in einem Kern vereinigt sein muss, der etwa um den Faktor 10^3 kleiner ist als das Atom insgesamt. Denn nur das elektrische Feld eines schweren Goldkerns in der Entfernung von 10^{-13} Meter oder weniger vom Zentrum der Ladung konnte die Bewegungsrichtung eines α-Teilchens nahezu umkehren. Tatsächlich ist der Kern des Golds um etwa den Faktor 4 kleiner als von Rutherford abgeschätzt.

Zerfälle und Wechselwirkungen

Becquerels schlichte Beobachtung war, dass gewisse Substanzen durch schwarzes Papier hindurch Photoplatten schwärzen. Erst als es gelungen war, die Schwärzung auf Strahlen zurückzuführen, die von radioaktiven Substanzen wie Uran ausgehen, und diese durch magnetische Felder in ihre Komponenten α-, β- und γ-Strahlen zu zerlegen, konnte sich die Bedeutung der Entdeckung Becquerels erweisen. Drei Typen von Strahlen, und mit ihnen drei Typen von Wechselwirkungen, traten durch die Analyse der Entdeckung Becquerels erstmals hervor: die Starke, die Schwache und die Elektromagnetische Wechselwirkung (Abb. 6).

Die β-Strahlen werden durch Magnetfelder entgegen der Ablenkungsrichtung der positiv geladenen α-Strahlen abgelenkt, so dass sie negativ elektrisch geladen sein müssen. Ihr Verhältnis von Ladung zu Masse wurde bald nach ihrer Entdeckung durch Thomsons Verfahren der Ablenkung sowohl durch elektrische als auch magnetische Felder bestimmt. Mit dem Resultat, dass das Verhältnis mit dem bei Kathodenstrahlen von Thomson beobachteten Verhältnis übereinstimmt, die β-Strahlen also Strahlen von Elektronen sind.

Die α-, β- und γ-Strahlen der natürlichen Radioaktivität machen sich in Detektoren dadurch bemerkbar, dass sie Atome und Moleküle ionisieren, also Elektronen aus ihnen herausschlagen. Den ersten

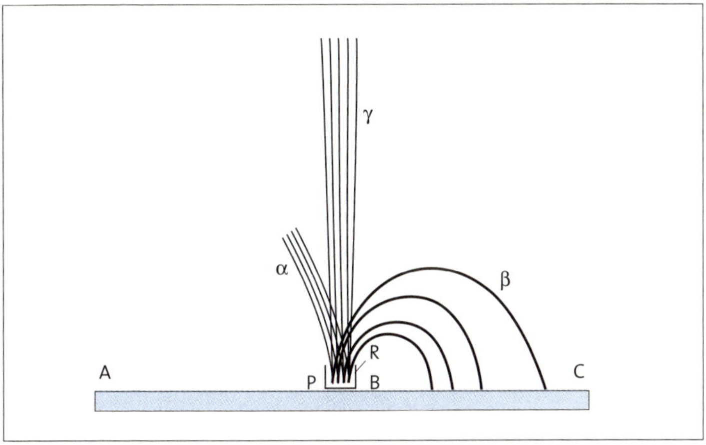

Abb. 6: Die Abbildung entstammt der Doktorarbeit von Marie Curie (1867 –1934, Physiknobelpreis 1903) aus dem Jahr 1904. Aus dem Bleibehälter P B des radioaktiven Präparats R können dessen Strahlen nur durch ein nach oben gerichtetes dünnes Loch austreten. Ein auf der Papierebene senkrecht stehendes magnetisches Feld fächert den unmittelbar nach dem Austritt aus dem Behälter nach oben gerichteten Strahl in die drei Strahlen α, β und γ auf: Positiv geladene (schwere) Helium-Kerne α aus zwei Protonen und zwei Neutronen, negativ geladene (leichte) Elektronen β und elektrisch neutrale (masselose) Photonen γ. Dass der Strahl der Elektronen selbst wieder aufgefächert ist zeigt an, dass deren Energien verschieden sind: Je größer die Energie, desto geringer die Ablenkung durch das Magnetfeld.

Beweis für die Teilbarkeit von Atomkernen erbrachte 1919 Rutherford durch die Beobachtung eines Protons in einer mit Stickstoff gefüllten Kammer, das bei Beschuss mit α-Strahlen aus der Reaktion eines α mit einem Stickstoffkern zusammen mit einem Sauerstoffkern hervorging. Rutherford kam zu dem Schluss, dass durch Projektile mit höherer Energie als die der natürlichen Radioaktivität die Kerne zahlreicher leichter Atome aufgebrochen werden könnten.

Ab 1932 haben eindrucksvolle Nebelkammeraufnahmen gezeigt, dass Rutherford seine Beobachtung richtig als Resultat einer Kernreaktion interpretiert hatte. Damals waren Protonen, Neutronen und Elektronen als die elementaren Bausteine der Materie nachgewiesen, und es war allgemein anerkannt, dass weitere Fortschritte sowohl der Kern- als auch der Elementarteilchenphysik vor allem durch den Beschuss von Atomkernen mit diesen Teilchen als Strahlen erzielt werden konnten. Mit Ausnahme der Kosmischen Strahlung aber standen nur die α-, β- und γ-Strahlen, wie die natürliche Radioaktivität sie liefert, als Geschosse zur Verfügung.

Antiteilchen

Aus dem Weltall erreicht die oberen Luftschichten ein ständiger Teilchenstrom. Durch Zusammenstöße mit Molekülen der Luft erzeugt er sekundäre Teilchen, die zusammen mit einigen der ursprünglichen auf der Erdoberfläche eintreffen. Unter ihnen befinden sich Elementarteilchen, die auf Erden gemeinhin nicht angetroffen werden, und die in der Kosmischen Strahlung entdeckt wurden. Erstens das einfach positiv geladene Positron e^+, das Antiteilchen des Elektrons. Diese Entdeckung des Jahres 1932 von Carl David Anderson (1905–1991, Physiknobelpreis 1936) ist ein Triumph einer allerdings zögerlich gemachten Vorhersage der Theoretischen Physik. Dem britischen Theoretiker Paul Adrien Maurice Dirac (1902–1984, Physiknobelpreis 1933) war es 1920 gelungen, eine Gleichung für das Elektron aufzustellen, die heute seinen Namen trägt, und die als Erste die Quantenmechanik mit der Speziellen Relativitätstheorie vereinigt hat. Aus der Dirac-Gleichung folgt, dass es ein Teilchen geben muss – eben das Antiteilchen des Elektrons –, das einfach positiv elektrisch geladen ist. Von allen bis 1932 entdeckten Teilchen war nur das Proton so geladen, und das hat Dirac zu der Folgerung verleitet, das Proton sei trotz des Unterschieds der Massen beider Teilchen – das Proton ist um den Faktor 1800 schwerer als das Elektron – das Antiteilchen des Elektrons. Dass das so nicht sein könne, dass das Anti-

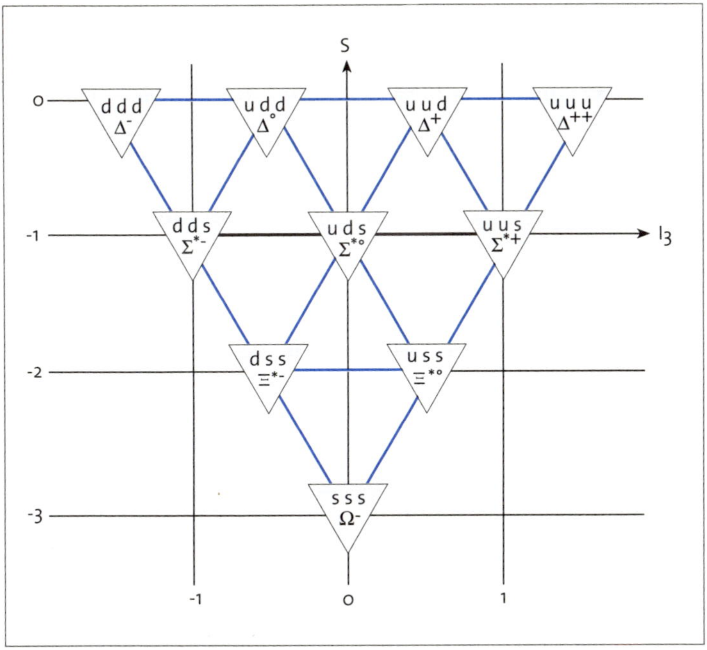

Abb. 7: Die zehn leichtesten aus den drei Quarktypen *u*, *d* und *s* aufgebauten Baryonen mit Spin 3/2. Die Quantenzahlen *s* und l_3 werden im Text und in der Legende zur Abb. 12 definiert.

teilchen des Elektrons dieselbe Masse wie dieses besitzen müsse, hat dann der deutsche Mathematiker und theoretische Physiker Hermann Weyl (1885–1955) hervorgehoben. Diese endgültige Vorhersage wurde durch die Entdeckung des Positrons triumphal bestätigt.

Elementarteilchen zeichnet aus, dass sie einen charakteristischen inneren Drehimpuls namens Spin besitzen. Der Spin von π-Mesonen ist Null, der Spin von Elektronen 1/2 in der natürlichen Einheit $\hbar$ des Spins, der Planck'schen Konstante h geteilt durch 2π, genauso der von Protonen, Neutronen, Quarks und μ. Photonen und ihre Partnerteilchen in der elektroschwachen Wechselwirkung, die elektrisch einfach geladenen *W* und das elektrisch neutrale *Z* sowie die Gluonen *g* besitzen den Spin 1, und dasselbe gilt für die aus Quarks aufgebauten Teilchen namens Vektor- und Axialvektormesonen. Die Baryonen des Zehnervereins der Abb. 7 besitzen den Spin 3/2 und das Graviton, das Austauschteilchen einer unterstellten Quantentheorie der Schwerkraft, den Spin 2. Zusammenfassend stellen wir fest, dass *allen* Elementarteilchen, auch den hier nicht aufgeführten, ein Spin zukommt, der 0, 1/2, 1, 3/2, 2, 5/2 usw. betragen kann. Die Teilchen mit halbzahligem Spin heißen Fermionen, die mit ganzzahligem Bosonen.

Feynman-Graphen

Prozesse, durch die Elementarteilchen untereinander wechselwirken, führen von einem vorgegebenen Anfangszustand – ein Teilchen, das zerfallen kann, zwei Teilchen, die zusammenstoßen – zu Endzuständen, deren jeder mit einer gewissen, ihm zugeordneten Wahrscheinlichkeit auftritt. Die diesen Wahrscheinlichkeiten entsprechende Messgröße heißt Lebensdauer oder Wirkungsquerschnitt. Nehmen wir die Abb. 5a mit einem negativ geladenen Myon für *T*. Sie gibt sowohl die Teilchen im Anfangs- als auch im Endzustand vor, so dass zu der Berechnung von Wirkungsquerschnitten nur noch die Energien und Bewegungsrichtungen der beteiligten Teilchen festgelegt werden müssen – von Spins sehen wir ab. Im Standardmodell auftreten können die und nur die Prozesse, für die sich Diagramme wie die von b–e aus den Vertices der Abbildung 39 auf der hinteren Umschlagseite zusammensetzen lassen. Die vier Linientypen der Abbildung 39 stehen nicht nur für die angegebenen Teilchen, sondern auch für deren Antiteilchen, wobei zwischen Linien zu unterscheiden ist, die in das Diagramm hinein oder aus ihm heraus laufen: Die Summen der Ladungen der zu ihm hin und von ihm fort führenden Teilchenlinien müssen übereinstimmen, da sonst die Vertices die elektrische Ladung nicht erhalten würden. Wir wollen die durch Diagramme dargestellten Prozesse von links nach rechts ablaufen lassen. Dann können nur innere Linien auftreten, die mit diesen Regeln vereinbar sind. Für die Farb- oder Colorladungen von Quarks, Antiquarks und Gluonen gilt Analoges.

Diese abstrakte Beschreibung besitzt in jedem Einzelfall eine einfache Bedeutung. Zum Aufbau der Diagramme b–e reichen offenbar die Vertices 1 und 4 der Abb. 39 (hintere Umschlagseite) aus. Die Beispiele zeigen auch, dass für den Prozess a im Wortsinn unendlich viele Diagramme gezeichnet werden können. Diese nach dem amerikanischen Physiker Richard P. Feynman (1918–1988, Physiknobelpreis 1965) benannten Diagramme oder Graphen veranschaulichen nicht nur Prozesse zwischen Elementarteilchen, sondern von ihnen können auch Vorschriften zur Berechnung von Lebensdauern und Wirkungsquerschnitten abgelesen werden. Praktischen Nutzen haben sie offenbar nur, wenn es entweder gelingt, die Beiträge von unendlich vielen Diagrammen zu demselben Prozess aufzusummieren, oder wenn bereits endlich viele von ihnen zur angenäherten Berechnung der Summe ausreichen.

Beide Möglichkeiten sind für die Physik relevant. Jedem Vertex der Abb. 39 kommt eine Zahl namens Kopplungskonstante zu, so dass jedem Diagramm das Produkt der Kopplungskonstanten der in ihm auftretenden Vertices zugeordnet werden kann. Es ist dieses Produkt, das vor allem anderen über die Größe des Beitrags des Diagrams entscheidet, weil es in ihm als Faktor auftritt. Sind die Kopplungskonstanten aller Vertices von Diagrammen, die zu einem Prozess beitragen, kleiner als 1 – sagen wir 1/2 –, so ist der Vorfaktor umso kleiner, je mehr dieser Faktoren er enthält, wie $1/2 \cdot 1/2 \cdot 1/2 = 1/8$ kleiner als $1/2 \cdot 1/2 = 1/4$ ist. Folglich besteht in dem Fall Hoffnung, Beobachtungsgrößen bereits durch wenige Diagramme näherungsweise berechnen zu können. Sieht man von Komplikationen durch die Massen der ausgetauschten Teilchen sowie Energien und

Bewegungsrichtungen der Teilchen im Anfangs- und Endzustand eines Prozesses ab, sind in der Tat bei kleinen Kopplungskonstanten die Beiträge der Graphen mit den wenigsten Vertices am größten. So überwiegt bei niedrigen Energien der Beitrag des Diagramms Abb. 5b die von d und e bei weitem. Je größer aber die angestrebte Genauigkeit, desto mehr Diagramme mit mehr und mehr Vertices müssen berücksichtigt werden. Die inneren Linien, welche zusammen mit den Vertices auftreten, entscheiden darüber, wie die Beiträge der Diagramme von den Energien und Bewegungsrichtungen der Teilchen im Anfangs- und Endzustand abhängen. Das Auftreten von Vertices mit Kopplungskonstanten, die größer sind als 1, macht in der Regel die näherungsweise Berechnung des entsprechenden Prozesses durch endlich viele Diagramme unmöglich. Kleiner als 1 sind alle
S. 102
in den Vertices ohne Gluon und **Higgs-Teilchen** auftretenden Kopplungskonstanten; die mit Gluonen sind als Vertices der Starken Wechselwirkung bei niedrigen Energien größer als 1, und die mit Higgs-Teilchen sind zu den Massen der Teilchen proportional, die mit ihm wechselwirken. Die Kennzeichnungen * und ** der Prozesse der Vertices 10 in der Abb. 39 deuten eine Hierarchie der Kopplungskonstanten an, auf die eingegangen werden soll.

Der Wirkungsquerschnitt des Prozesses der Abb. 5a mit einem Myon als T kann bei nicht allzu hohen Energien der beteiligten Teilchen bereits durch einen einzigen Graphen, nämlich b, mit einer verbleibenden Ungenauigkeit im Prozentgebiet berechnet werden. Als Beispiele für das Auftreten von Vertices in vielerlei Gestalt sollen uns 1, 4 und 10 der Abb. 39 dienen. Unter anderem können die Vertices 1 und 4 so auftreten, wie bereits in den Abb. 5b–e und wie in den Abb. 8a–d. Von den sechzehn Möglichkeiten des Auftretens des Vertex 10 mit einem Elektron-Neutrino und dem Elektron selbst als *D* und *E*, stellen die Abb. 8e–g drei dar.

Aus den Vertices 1 und 4 lassen sich die Diagramme der Abb. 8h und i zusammensetzen, in denen *T* sowohl für eines der *A* der Abb.

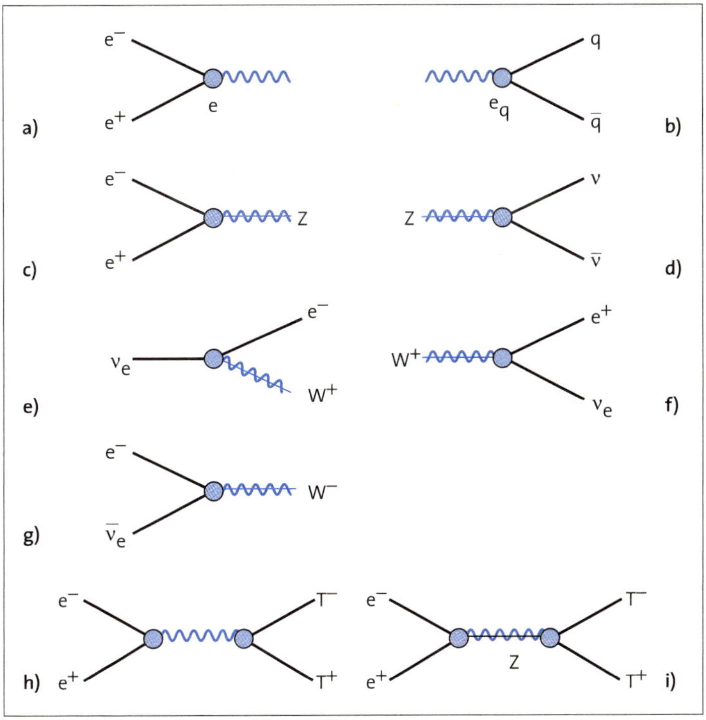

Abb. 8: Einige explizite Gestalten a–g der Vertices 1, 4 und 7 der Abb. 39 (hintere Umschlagseite) sowie zwei aus ihnen zusammengesetzte Diagramme (h und i) zur Elektron-Positron-Vernichtung in ein elektrisch einfach geladenes Teilchen T^- und sein Antiteilchen T^+.

39 als auch für ein *W* stehen kann. Ein Diagramm kann nur dann einen physikalischen Prozess beschreiben, wenn die Teilchen seines Anfangs- und Endzustandes als reale Teilchen auftreten können, und daraus folgen Einschränkungen an deren Energien. Sind, wie bei den Prozessen der Abb. 5, die Teilchen im Anfangs- und Endzustand dieselben, können diese Einschränkungen stets erfüllt werden. Nicht aber bei den Prozessen der Abb. 8a und b. Wegen der Masse Null des

Photons können die a entsprechenden Prozesse überhaupt nicht auftreten; das Elektron-Positron-Paar von 8a kann nur in mindestens zwei Photonen zerstrahlen. Damit c auftreten kann, müssen das Elektron und Positron für ein *Z* in Ruhe zusammen die Energie besitzen, die der nach Einsteins $E = mc^2$ in Energie umgerechneten Masse des *Z* von 97 Protonenmassen entspricht. Der Graph d stellt den Zerfall eines *Z* in Neutrinos dar. Er muss nur winzige Korrekturen von anderen Graphen hinnehmen, die denselben Prozess beschreiben. Der Beitrag des Graphen der Abb. 8i für ein Myon als *T* dominiert über den aller anderer Graphen bei einer Gesamtenergie, welche ungefähr der Masse des *Z*-Teilchens von 97 Protonenmassen entspricht; sonst aber bei keiner Energie.

Austauschteilchen

Treten Beobachtungen auf, die durch den Austausch bekannter Teilchen nicht erklärt werden können, tragen zu den fraglichen Prozessen möglicherweise auch bis dahin unbekannte Austauschteilchen bei. So wurden im Standardmodell die Eigenschaften des bis 1994 experimentell nicht nachgewiesenen *t*-Quarks eingeengt und werden nun die des Higgs-Bosons.

Erfolgreich eingeführt hat die Methode, von Wechselwirkungen auf unbekannte Austauschteilchen zu schließen, der japanische theoretische Physiker Hideki Yukawa (1907–1981, Physiknobelpreis 1949) im Jahr 1935 (Abb. 9). Sein Beitrag galt dem Verständnis der Starken Wechselwirkung der Protonen und Neutronen in den Atomkernen. Von den damals bekannten Teilchen kamen nur Elektron und Positron qualitativ als Kandidaten für die Austauschteilchen der Starken Wechselwirkung in Frage. Quantitativ aber auch sie nicht, weil ihre bereits damals bekannten Wechselwirkungen mit Atomkernen viel zu schwach sind, um für die zu Recht so genannten Starken Kernkräfte verantwortlich zu sein.

Nun hängt die Stärke einer Kraft zwischen Teilchen offenbar von deren Entfernung ab. Im Allgemeinen so, dass sie mit der Entfernung abnimmt: Je weiter zwei Teilchen voneinander entfernt sind, desto geringer ist die anziehende oder abstoßende Kraft zwischen ihnen. Dass dieser Zusammenhang nicht allgemeingültig ist, war eine der großen Überraschungen, welche die Quelle der Kernkräfte, die Wechselwirkung durch den Austausch zahlreicher beteiligter Gluonen, für die Entdecker der Quantenchromodynamik 1973 bereithielt.

Für die Kernkräfte selbst sowie die elektrische Kraft gilt dieser Zusammenhang wie erwartet. Die Reichweite einer Kraft ist eine charakteristische Entfernung, außerhalb derer ihre Stärke rapide auf Null abfällt. Gibt es keine solche Entfernung, ist die Reichweite unendlich. Yukawa erkannte, dass ein einfacher Zusammenhang zwischen der Reichweite einer Kraft und der Masse desjenigen Teilchens besteht, auf dessen Austausch sie beruht: Die Reichweite ist zum Kehrwert der Masse proportional. Die elektrische Kraft beruht auf dem Austausch masseloser Photonen, so dass ihre Reichweite als unendlich herauskommt.

In der Tat gibt es bei der elektrischen Kraft keinen Abstand, ab dem ihre Stärke rapide verschwände: Auch bei großem Abstand zweier elektrisch geladener Teilchen wird durch Abstandsverdopplung die Kraft zwischen ihnen nur um den Faktor vier verkleinert. Ganz anders die Kernkräfte: Von ihnen ist außerhalb des Kernradius von etwa 10^{-15} Meter nichts mehr zu spüren. Der Austausch von Elektronen führt nach Yukawas Formel auf die Reichweite 10^{-13} Meter, und das ist erheblich weiter als die bereits von Rutherford, Geiger und Marsden in ihrem Experiment durch den Beschuss von Gold durch Heliumkerne ausgetestete Entfernung. Noch bei wesentlich kleineren Abständen wirkte bei dem Experiment auf die Atomkerne des Heliums und des Goldes nur die elektrische Kraft, so dass auch aus diesem Grund der Austausch von Elektronen nicht für die Kernkräfte verantwortlich gemacht werden kann.

Yukawa schloss aus beobachteten Wechselwirkungen auf die Existenz eines Teilchens π, das etwa die dreihundertfache Masse des Elektrons haben und dessen Wechselwirkung in und mit den Atomkernen auf die Starke Kernkraft führen sollte.

Teilchen in der Kosmischen Strahlung

Tatsächlich wurde nur zwei Jahre nach Yukawas Vorhersage von 1935 in der Kosmischen Strahlung ein Teilchen mit etwa der richtigen Masse entdeckt – das μ mit 207-facher Elektronenmasse. Das Yukawa-Teilchen konnte es trotzdem nicht sein, weil es mit Atomkernen nicht so heftig reagiert, wie von Austauschteilchen der Starken Wechselwirkung zu erwarten. Bis zu deren Entdeckung 1947 ebenfalls in der Kosmischen Strahlung schlossen sich Jahre der Konfusion über den Ursprung und die Natur des μ an. Der experimentellen Klärung ging ein Vorschlag der Theorie voraus, der sich als richtig erweisen sollte: Das von Yukawa vorhergesagte, aber unentdeckte Teilchen werde zuerst in der Kosmischen Strahlung erzeugt und zerfalle dann in ein μ und andere Teilchen. Primär also das π, sekundär das μ. Das μ selbst, so ein experimenteller Befund von 1947, kann in ein Elektron und praktisch masselose Teilchen zerfallen.

Das π ist ein Hadron, ein Teilchen mit Starker Wechselwirkung, das μ ein Lepton wie das Elektron. Vom μ gibt es genau zwei Typen, die Antiteilchen voneinander sind; positiv geladen das eine, negativ das andere, und beide mit derselben Masse, wie immer bei Teilchen und Antiteilchen. Auch von den π gibt es Teilchen und Antiteilchen, das einfach positiv geladene π^+ und das einfach negativ geladene π^- mit der Masse von 273 Elektronen. Sie sind es, die in der Kosmischen Strahlung entdeckt wurden. Zu ihnen tritt als Partner ein neutrales Teilchen π^0 ohne Pendant bei den μ hinzu. Dieses ist sein eigenes Antiteilchen und besitzt mit 264 Elektronenmassen nahezu dieselbe Masse wie die geladenen π und kann ihnen bereits deshalb zuge-

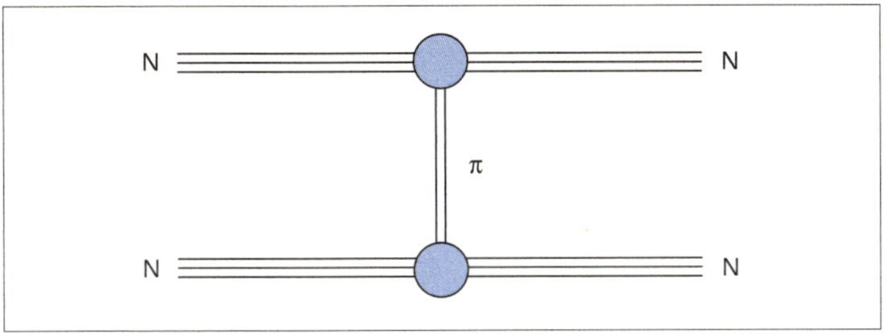

Abb. 9: Wechselwirkung zweier Nukleonen N durch Austausch eines π.

ordnet werden. Hinzu kommt, dass alle drei π-Mesonen denselben Spin 0 besitzen und sich bei Starken Wechselwirkungen so verhalten, wie es von Teilchen zu erwarten ist, die besser als verschiedene Zustände desselben Teilchens denn als verschiedene Teilchen aufgefasst werden. Diese Idee der Isospinsymmetrie, von Werner Heisenberg (1901–1976, Physiknobelpreis 1932) entwickelt, fasst elektrisch verschieden geladene, einander sonst ähnliche stark wechselwirkende Teilchen mit demselben Spin und nahezu derselben Masse zu Multipletts zusammen – zu einem Triplet die drei π, zu dem Dublett N der Nukleonen das p und das n. Ursprung der Isospinsymmetrie ist, dass die Quarks u und d nahezu dieselben Starken Wechselwirkungen und Massen nahe Null auf deren Skala besitzen, so dass sie zu einem Dublett zusammenzufassen sind.

Elementarteilchen an Beschleunigern

Das neutrale π-Meson π^0 war 1948 das erste Teilchen, das an einem Beschleuniger statt in der Kosmischen Strahlung entdeckt wurde. Anders als elektrisch geladene Teilchen hinterlässt es selbst keine Spur in Detektoren, so dass es nur durch seine Zerfallsprodukte – zwei Photonen – nachgewiesen werden kann. Während die geladenen π mit der Lebensdauer 10^8 Sekunden durch die Schwache Wechselwirkung zerfallen, zerfällt das neutrale π mit einer um den Faktor 10^8 geringeren Lebensdauer durch die elektromagnetische Wechselwirkung. Dies Verhältnis verdeutlicht die verschiedenen Stärken der beiden Wechselwirkungen. Zerfälle durch die Starke Wechselwirkung laufen abermals deutlich schneller ab.

Mit dem Bau immer kraftvollerer Beschleuniger begann die Kosmische Strahlung ab 1952 ihre Bedeutung als Quelle neuer Elementarteilchen zu verlieren. Von 1947 bis 1952 wurde in ihr zwar eine ganz neue Klasse von Elementarteilchen, die der Seltsamen Teilchen, entdeckt, aber systematisch untersucht werden konnten die Seltsamen Teilchen erst ab 1952 in Detektoren an Beschleunigern. Die Entdeckung dieser Klasse von Teilchen begann 1947 mit dem Auftreten einer V-förmigen Spur von zwei Elementarteilchen in einer Nebelkammer. Zur Spitze des V führte keine Spur, so dass geschlossen werden musste, dass dort ein unsichtbares elektrisch neutrales Teilchen im Flug in zwei geladene Teilchen zerfallen war. Dies Teilchen ist das K^0 oder sein Antiteilchen $\bar{K}^0$ der Abb. 10. Da für mehrere Jahre kein weiteres Ereignis dieser Art in der Kosmischen Strahlung entdeckt wurde, war eine systematische Untersuchung von den, wie sie damals hießen, V-Teilchen durch sie offenbar unmöglich. In der Kosmischen Strahlung entdeckt wurden auch die geladenen Partner K^+ und K^- der K^0 und $\bar{K}^0$.

Das Seltsame an den Seltsamen Teilchen

Anzeichen für weitere neue Teilchen waren ebenfalls in der Kosmischen Strahlung aufgetreten: Teilchen, die mehr Masse als das Proton besitzen, und unter deren Zerfallsprodukten sich immer ein Neutron oder Proton befindet. Wie die *V*-Teilchen konnten auch sie, die Hyperonen, erst an Beschleunigern systematisch untersucht werden. Als besonders erstaunlich haben sich von Anfang an die Eigenschaften des Λ der Abb. 11 erwiesen. Durch Kosmische Strahlen mit

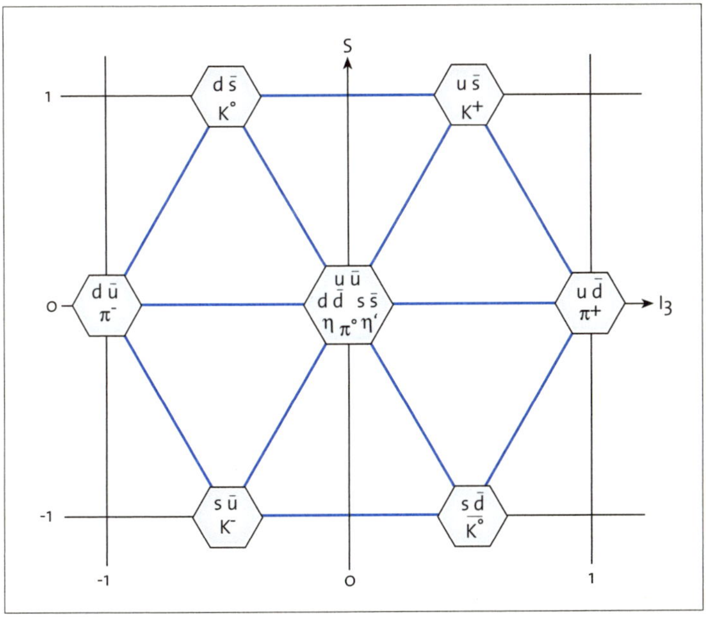

Abb.10: Die neun leichtesten aus einem der Quarks u, d oder s und einem ihrer Antiquarks aufgebauten Mesonen. Ihr Spin ist 0.

einer Häufigkeit erzeugt, wie sie für Hadronen typisch ist, zerfällt das Λ doch mit einer für die Schwache Wechselwirkung typischen langen Lebensdauer von etwa 10^{-10} Sekunden. Wenn, so die Quantenmechanik, dieselbe Wechselwirkung sowohl die Erzeugung als auch den Zerfall eines Teilchens ermöglicht, muss es genauso leicht zerfallen können, wie es erzeugt werden kann: wie gewonnen, so zerronnen.

Den Ausweg aus diesem Puzzle hat die Idee gewiesen, dass die Λ *nicht* durch die Wechselwirkung erzeugt werden, durch die sie zerfallen. Erzeugt werden sie, so Beobachtung und Theorie, stets zusammen mit einem anderen Teilchen ihrer Art durch Zusammenstö-

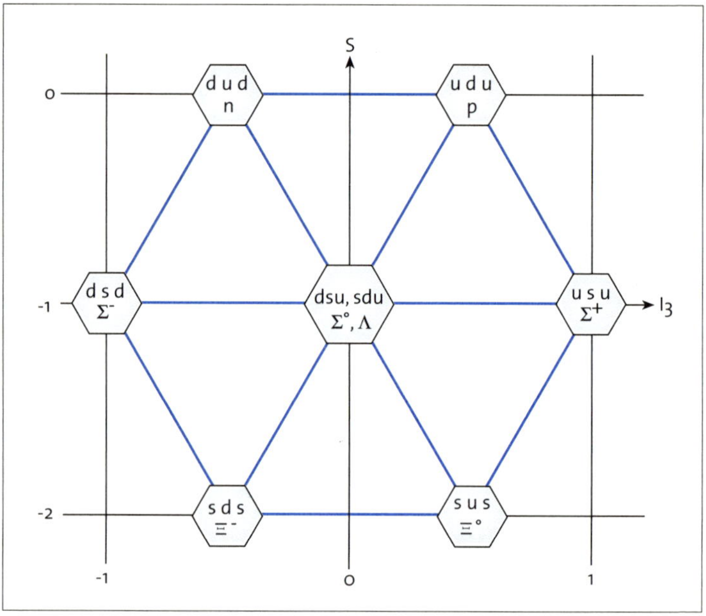

Abb. 11: Die acht leichtesten aus den drei Quarktypen *u*, *d* und *s* aufgebauten Baryonen. Ihr Spin ist 1/2.

ße von π-Mesonen der Kosmischen Strahlung mit Nukleonen N der Atomkerne der Luft. Dann fliegen sie ein Stück und zerfallen für sich allein. Wie wäre es, wenn die Mitentstehung des anderen Teilchens dafür sorgte, dass es durch die Starke Wechselwirkung erzeugt werden kann, sein Zerfall durch die Starke Wechselwirkung aber mangels eines Partnerteilchens, das beim Zerfall auftreten könnte, unmöglich wäre? So ist es tatsächlich. Die Starke Wechselwirkung respektiert eine Quantenzahl namens Seltsamkeit S, die bei der Produktion eines Λ ihren Wert Null dadurch beibehält, dass durch eine π-N-Kollision zusammen mit dem Λ mit der Seltsamkeit –1 ein K-Meson mit der Seltsamkeit +1 erzeugt wird. Mangels eines Teilchens,

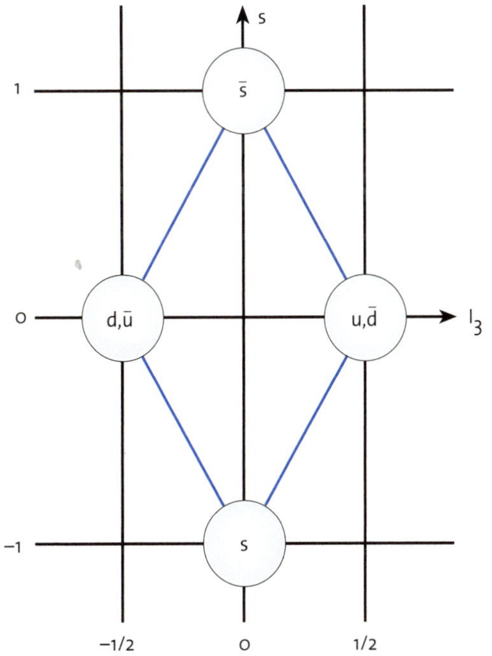

Abb. 12: Die Quantenzahlen S und I_3 der Baryonen (Abb. 7 und 11) und Mesonen (Abb. 10) entstehen aus denen der Quarks und Antiquarks durch Addition.

das bei dem Zerfall des Λ vorhanden wäre oder auftreten könnte – kein Teilchen mit von Null verschiedener Seltsamkeit ist dafür leicht genug –, zerfallen Λ nicht durch die Starke, sondern durch die Schwache Wechselwirkung, die das S der Starken Wechselwirkung zu ändern vermag. Dieses Konglomerat von Ideen hat schließlich ergeben, dass allen Hadronen die Seltsamkeit S als eine Quantenzahl zugeschrieben werden kann, die zu ändern von allen Wechselwirkungen nur die Schwache vermag.

Die Welt der Quarks u, d und s

Alle bis 1974 entdeckten Hadronen sind aus diesen drei Typen von Quarks aufgebaut. Die Beträge ihrer elektrischen Ladungen sind nicht ganz-, sondern drittelzahlig in den Einheiten, in denen das Elektron die Ladung –1 besitzt. Dasselbe gilt für alle Quarks, also auch für die drei namens *charm-* (kurz: *c*-), *bottom-* (*b*-) und *top-* (*t*-)Quark, die Bauteile von erst ab 1974 entdeckten Hadronen sind. Die Ladung des *u*- (sowie der *c*- und *t*-) Quarks ist 2/3, die der *d*- und *s*- (sowie des *b*-) Quarks –1/3. Wie alle Elementarteilchen, besitzen auch die Quarks Antiteilchen mit entgegengesetzten elektrischen Ladungen. Sie heißen $\bar{u}$, gesprochen »u quer«, und so weiter.

Der Leser kann sich leicht davon überzeugen, dass aus Quarks und/oder Antiquarks zusammengesetzte Teilchen nur dann eine ganzzahlige positive oder negative elektrische Ladung besitzen können, wenn die Zahl ihrer Quarks und Antiquarks entweder übereinstimmt, oder sich um ein positives oder negatives ganzzahliges Vielfaches von 3 unterscheidet. Die sicher nachgewiesenen Hadronen erfüllen dieses Kriterium so, dass die einen namens Baryonen aus genau drei Quarks oder Antiquarks, die anderen namens Mesonen aus einem Quark und einem Antiquark bestehen. Bei Beschränkung auf die *u*, *d* und *s* der Abb. 12 ergibt das die Möglichkeiten der Abb. 7, 10 und 11. Sie weisen Teilchen Plätze in I_3-*S*-Diagrammen zu, die ihrem Quarkinhalt entsprechen. Die Quantenzahl I_3 steht für die dritte Komponente des Isospins *I*, der bereits erwähnt wurde und dem wir uns über die Bemerkung hinaus, dass die Starke Wechselwirkung ihn ungeändert lässt, nicht widmen wollen. Das *S* der Diagramme bezeichnet die ebenfalls bereits eingeführte Seltsamkeit, auch sie hier ausgedrückt durch den Quarkinhalt der Teilchen. Weist man nämlich den Quarks *u*, *d* und *s* sowie ihren Antiquarks die I_3- und *S*-Werte der Abb. 12 zu, ergeben sich die Werte der anderen Teilchen aus ihrem Quarkinhalt durch Addition. Die Spins aller Teilchen eines Multipletts sind dieselben. Bei den Triplets der Quarks und Antiquarks (Abb. 12) sowie bei dem Oktett der Baryonen (Abb. 11) ist er 1/2, bei dem Baryonendekuplett (Abb. 7) dann 3/2 und bei den Mesonen (Abb. 10) ist er 0.

Die sieben Spiegel der Elementarteilchenphysik

Offenbar ist es unmöglich, Objekte mit Schraubensinn wie eine handelsübliche Schraube durch eine wirklich durchführbare Bewegung in ihr Spiegelbild zu überführen. Trotzdem sind wir davon überzeugt, dass mit jedem Objekt, das in der Natur auftritt, auch der Nachbau des Spiegelbilds des Objekts auftreten kann. Genauso sind wir davon überzeugt, dass alle wirklichen Abläufe auch so, wie sie uns der Spiegel zeigt, in der Wirklichkeit ablaufen können. Zum Beispiel ist der Nachbau des Spiegelbildes einer handelsüblichen Schraube eine, die durch Links- statt durch Rechtsdrehung eingeschraubt wird.

Seit 1956 wissen wir aber, dass das nicht für alle Abläufe gilt: Das Spiegelbild von Abläufen, die den Gesetzen der Schwachen Wechselwirkung genügen, kann in der Wirklichkeit nicht auftreten. Dass diese Gesetze nicht spiegelsymmetrisch sind, haben 1956 die chinesischstämmigen amerikanischen Physiker T. D. Lee (geb. 1926) und C. N. Yang (geb. 1922) (Physiknobelpreis für beide 1957) in einer gemeinsamen Arbeit als Erklärung für sonst unverständliche Eigenschaften der K-Mesonen vorgeschlagen. Experimentell nachgewiesen wurde der Effekt durch die ebenfalls in China geborene amerikanische Physikerin C. S. Wu (geb. 1912) und ihre Gruppe wenig später.

Die Gesetze der Schwachen Wechselwirkung legen Bewegungsrichtungen durch Drehrichtungen fest, und bereits das zeigt, dass sie nicht spiegelsymmetrisch sind. Der Kern eines Isotops des Elements Kobalt namens ^{60}Co zerfällt durch Aussendung eines Elektrons e^- und eines Teilchens, das keine Spur hinterlässt, in den Kern eines Nickel-Isotops. Wie ein Kreisel dreht sich der Kobalt-Kern vor seinem Zerfall ständig um eine Achse, die nur dadurch ausgezeichnet ist, dass

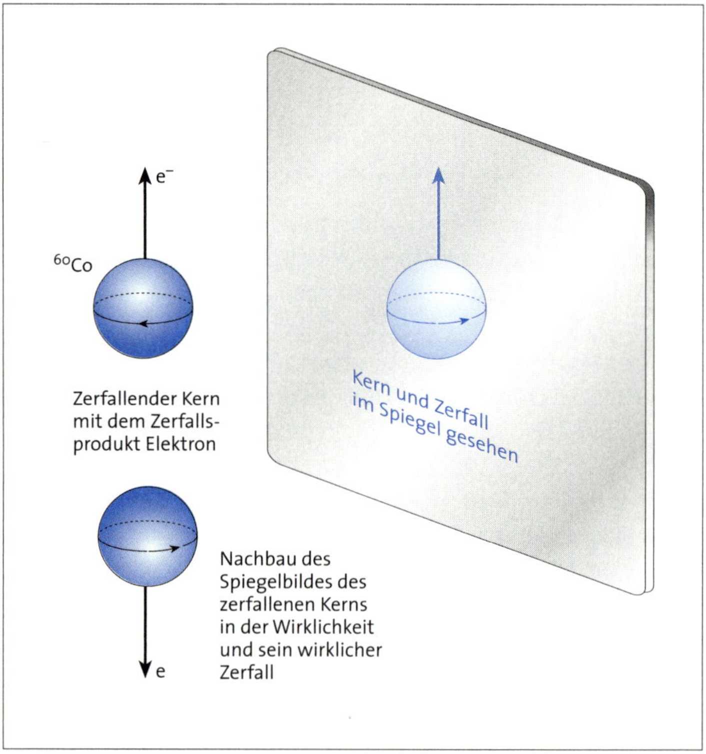

Abb. 13: Zerfall eines Kerns des Kobalt-Isotops ^{60}Co in ein Elektron e^-, ein unsichtbares Neutrino und das stabile Nickel-Isotop ^{60}Ni als Restkern – erstens in der Wirklichkeit, zweitens im Spiegel gesehen und drittens als Zerfall des Nachbaus des Spiegelbildes des Kerns in der Wirklichkeit (wie er durch Drehung des ursprünglichen Kerns entsteht).

der Kern sich eben um sie dreht: Wir können uns den Kern als eine sich drehende, makellose Kugel vorstellen. Werden nun die Drehrichtungen (durch ein angelegtes Magnetfeld bei tiefen Temperaturen) zahlreicher Kobaltkerne gleich ausgerichtet, so fliegen, wie Wu gefunden hat, die meisten der bei dem Zerfall entstehenden Elektro-

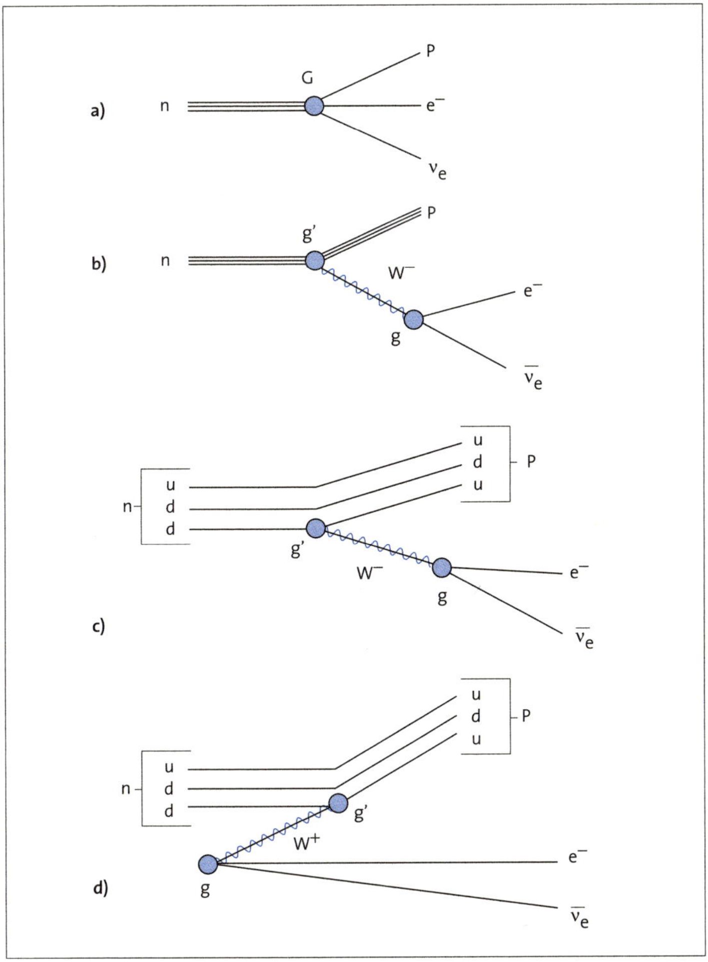

Abb. 14: Zerfall eines Neutrons n in ein Proton p, ein Elektron e^- sowie ein Elektron-Antineutrino $\bar{\nu}_e$ im Fermi-Modell der Schwachen Wechselwirkung (a), durch Emission eines W^- durch das Neutron (b) sowie im Standardmodell der Elektroschwachen Wechselwirkung (c und d).

nen in jene Richtung von dem Präparat fort, in die gesehen die Drehung der Kerne eine Drehung linksherum ist. Im Spiegel betrachtet, fliegen die Elektronen also in die Richtung, in die gesehen die Kerne sich rechtsherum drehen (Abb. 13). Das aber ist ein Ablauf, den die Gesetze der Schwachen Wechselwirkung nicht zulassen, so dass er in der Wirklichkeit nicht auftreten kann – wenn denn die Gesetze der Schwachen Wechselwirkung nicht nur vermeintlich, sondern tatsächlich Naturgesetze sind. Folglich zeichnen bereits die Naturgesetze, nicht erst einzelne Objekte oder Abläufe, die mit ihnen im Einklang stehen, einen Schraubensinn aus: Durch Betrachtung eines Ablaufs und seines Bildes im Spiegel kann ein Beobachter allein vermöge der Naturgesetze herausfinden, welcher der wirkliche Ablauf und welcher dessen Spiegelbild ist.

Der Zerfall des Kerns ist einer der β-Zerfälle, die wir bereits von der Abb. 6 kennen. Er beruht auf einem elementareren Prozess in seinem Innern, dem Zerfall eines seiner Neutronen in ein Proton, ein Elektron und ein (Anti-)Neutrino; dieser Zerfall wiederum beruht auf dem Übergang eines d-Quarks im Neutron in ein u-Quark und die übrigen Teilchen (Abb. 14).

Spiegel vertauschen wenn auch nicht, wie oft gesagt wird, rechts und links, so doch vorn und hinten. Zwei weitere Vertauschungen sind für die Physik der Elementarteilchen wichtig: die von Teilchen und Antiteilchen namens C sowie die der beiden Richtungen der Zeit T. Mit P, der räumlichen Spiegelung oder Parität, lassen sich insgesamt sieben Kombinationen dieser Vertauschungen bilden: P, C, T jeweils für sich allein, drei zweifache Kombinationen CP, PT, CT und schließlich die Kombination CPT aller drei.

Anwendung von C auf einen Prozess ersetzt die beteiligten Teilchen durch ihre Antiteilchen – nichts weiter. Die Naturgesetze sind sicher nicht C-symmetrisch, wenn hierdurch aus einem in der Natur auftretenden Prozess einer entsteht, der nicht auftreten kann. Bei dem Vorsatz, die C-Symmetrie der Naturgesetze zu überprüfen, zeichnet die Zerfälle der μ^- vor denen von Kobaltkernen aus, dass die Anwendung von C auf den Zerfall eines μ^- nicht nur in der Theorie, sondern auch in der Wirklichkeit möglich ist: Sie ergibt den dem Experiment zugänglichen Zerfall eines μ^+.

Bei C-Symmetrie der Naturgesetze folgt aus dem sichtbaren Zerfall des μ^- in ein Elektron e^- erstens, dass das μ^+ in ein Positron e^+, das Antiteilchen des e^-, zerfallen muss. So ist es in der Tat. Der Zerfall muss zweitens die P-Symmetrie dadurch verletzen, dass die Drehrichtung des μ^+ die Flugrichtung des e^+ festlegt. Auch das ist so. Drittens muss die Korrelation der Drehrichtung des μ^+ mit der Flugrichtung des e^+ dieselbe sein wie die des μ^- mit der des e^- – und das ist ganz und gar nicht so: Statt mit der beim Zerfall des μ^- identisch zu sein, stimmt die bei dem Zerfall des μ^+ beobachtete Korrelation mit dem *Spiegelbild* der Korrelation beim μ^- überein – mit jener also, die bei dem Zerfall des μ^- gerade *nicht* auftritt: Erst durch die Teilchen-Antiteilchen-Vertauschung C zusammen mit der Raumspiegelung P entsteht aus dem wirklichen Zerfall des μ^- der ebenfalls wirkliche des μ^+, so dass die Gesetze der Schwachen Wechselwirkung für die Zerfälle der μ zwar nicht einzeln P- und C-symmetrisch sind, wohl aber symmetrisch gegenüber der P und C zu einer Transformation zusammenfassenden Operation PC oder, dasselbe, CP sein können – und das, soweit wir wissen, auch sind.

Die Entdeckung des Jahres 1956, dass die Naturgesetze nicht P-symmetrisch sind, hat die meisten Physiker schockiert. Dass nach allem, was man zunächst wusste, die Naturgesetze hingegen CP-Symmetrie besitzen, wurde von manchen so interpretiert, dass nicht P, sondern CP die »wahre« Raumspiegelung sei. Dieser auch aus irrationalen Quellen gespeisten Interpretation der CP-Transformation wurde 1964 der Boden durch die gänzlich unerwartete Entdeckung von J. W. Cronin (geb. 1931) und V. L. Fitch (geb. 1923, gemeinsamer Physiknobelpreis 1980) entzogen, dass auch CP keine allgemeingültige Symmetrie der Naturgesetze ist.

Deren Experiment untersuchte die Zerfallsprodukte eines von zwei elektrisch neutralen K-Mesonen, von denen das eine, das kurzlebige K_S, bei CP-Symmetrie nur in zwei π, das andere, das langlebige K_L (Lebensdauern 10^{-10} und $5 \cdot 10^{-8}$ Sekunden) nur in drei π-Mesonen zerfallen kann. Das quantenmechanische System dieser beiden Teilchen, die keinen bestimmten Quarkinhalt besitzen, ist mit dem des uns bereits bekannten Paars von Teilchen K^0, $\bar{K}^0$ mit bestimmtem Quarkinhalt identisch: Erzeugt werden die Teilchen paarweise durch die Starke Wechselwirkung mit bestimmtem Quarkinhalt und folglich mit bestimmter Seltsamkeit; sie zerfallen aber durch die Schwache Wechselwirkung, die Quarkinhalt und Seltsamkeit ändert. Ist nun die Zerfallswechselwirkung CP-symmetrisch, können die Zerfälle auf Grund der Zahl der π-Mesonen, zwei oder drei, klassifiziert werden, die sie ergeben. Zugleich ist klar, dass diese Klassifikation sich von derjenigen unterscheidet, die sich an der Seltsamkeit orientiert. Denn CP vertauscht Teilchen und Antiteilchen, also auch K^0 und $\bar{K}^0$, lässt aber die Anzahl der π-Mesonen ungeändert, so dass die beiden neutralen K-Mesonen K^0 und $\bar{K}^0$ bei CP-Symmetrie gleichermaßen in 2π wie in 3π müssen zerfallen können. Es ist die Klassifikation der Teilchen des Systems nach CP auf Grund der Quantenmechanik, die auf die K_S und K_L führt.

Das überraschende Ergebnis des Experiments von Cronin und Fitch war, dass das langlebige, naturgemäß in 3π zerfallende Teilchen zu einem sehr kleinen Bruchteil auch in 2π zerfällt, was ihm bei CP-Symmetrie der Naturgesetze strikt verboten ist. Folglich ist auch CP keine Symmetrie der Naturgesetze. – ein bis heute nicht vollständig verstandenes Resultat.

Nun ist die Verletzung sowohl der P- als auch der C-Symmetrie sehr groß verglichen mit der Verletzung der CP-Symmetrie: Die Verletzungen von P und C heben sich gegenseitig in CP nahezu auf. Groß also die Verletzungen von P und C für sich allein, klein die Verletzung von CP. Jetzt T, die Transformation der Zeitumkehr. Sie lässt Orte (anders als P) und Teilchentypen (anders als C) ungeändert, kehrt aber die zeitliche Reihenfolge aller Ereignisse, und damit auch alle Bewegungsrichtungen um. Wir lachen, wenn wir diese Transformation auf makroskopische Abläufe angewendet sehen; etwa in einem rückwärts laufenden Film. Und wir trauern, wenn keine Macht der Welt einen Toten wieder lebendig machen kann. Die fundamentalen Naturgesetze aber können wir für diesen Unterschied zwischen »vorwärts« und »rückwärts« in der Zeit nicht verantwortlich machen. Er folgt nicht aus den Gesetzen, sondern aus den Umständen, unter denen sie wirken – daraus, dass zahlreiche statt wenige Teilchen an Alltagsabläufen beteiligt sind. Kein Naturgesetz verbietet den zeitlich umgekehrten Ablauf alltäglicher Abläufe. Dass sie nicht auftreten, liegt nicht an den fundamentalen Naturgesetzen, sondern an der praktischen Unmöglichkeit, sie in Gang zu setzen – an der Unmöglichkeit, allen beteiligten Teilchen die entgegengesetzte Bewegungsrichtung zu verleihen. Die zeitlich umgekehrten Abläufe selbst sind mit den fundamentalen Naturgesetzen genauso im Einklang wie die ursprünglichen.

Der überwältigenden zeitlichen Asymmetrie aller alltäglichen Beobachtungen zum Trotz *könnte* es also so sein, dass die Naturgesetze für die Elementarteilchen mit jeder Veränderung im Laufe der Zeit auch die zeitlich umgekehrte Veränderung zulassen, die Gesetze selbst also T-symmetrisch sind. Tatsächlich ist es, wie zwei Experimente des Jahres 1998 eindrucksvoll gezeigt haben, nicht so.

Dass die Naturgesetze durch die alle drei Spiegelungen zusammenfassende Transformation CPT nicht geändert werden, besagt ein Theorem, das eben dies aus Annahmen folgert, die allen gegenwärtigen Theorien der Elementarteilchenphysik – den lokalen, relativistischen Feldtheorien – zugrunde liegen. Würde sich erweisen, dass die Naturgesetze *nicht* CPT-symmetrisch sind, bräche das Gebäude der lokalen Feldtheorien mit seinen immer wieder erfolgreich experimentell überprüften Konsequenzen zusammen, so dass die Überprüfung der CPT-Symmetrie selbst zu den potentiell folgenreichsten Untersuchungen der Physik der Elementarteilchen gehört. Wenn nun aber die Naturgesetze CPT-symmetrisch sind, können sie nicht T-symmetrisch sein. Denn die beobachteten Verletzungen der CP-Symmetrie implizieren, dass auch die T-Symmetrie verletzt sein muss. Und zwar so, dass deren Verletzung die von CP in CPT gerade aufhebt. Dass T-Verletzung ohne Berufung auf das CPT-Theorem 1998 direkt beobachtet wurde, trägt daher zu der Überzeugung bei, dass die Elementarteilchen und ihre Reaktionen durch lokale Feldtheorien richtig beschrieben werden können.

Der Prozess, der die Zeitumkehrsymmetrie dadurch verletzt, dass seine zeitliche Umkehrung auf Grund der Naturgesetze, die für ihn gelten, nicht auftreten kann, ist die Umwandlung des neutralen K-Mesons K^0 in sein Antiteilchen $\bar{K}^0$. Deren Massen sind, wie stets bei Teilchen und Antiteilchen, dieselben, so dass nichts dagegen spricht, dass sich in einer Art Zerfall bei freier Bewegung im Vakuum durch die Schwache Wechselwirkung das eine in das andere umwandelt. Anders aber als bei den gewöhnlichen Zerfällen der K-Mesonen ändert dieser Prozess die Seltsamkeit um *zwei* Einheiten, und das bewirkt, dass er relativ zu den Zerfällen unterdrückt ist.

Das Ergebnis des Experiments lässt sich durch Visualisierung eines quantenmechanischen Ablaufs veranschaulichen, der tatsächlich aber – wie alle quantenmechanische Abläufe – nicht von dem Verhalten *eines* Teilchens abgelesen werden kann, sondern zu seiner Realisierung zahlreicher, identisch präparierter Teilchen bedarf. Der Prozess der Umwandlung eines K^0 in ein $\bar{K}^0$ verläuft, wie in der Abb. 15a dargestellt, über Zwischenstufen und benötigt eine gewisse Zeit. Umgekehrt kann sich ein $\bar{K}^0$ in ein K^0 umwandeln. Die Pointe ist, wie in den Abb. 15a und c angedeutet, dass die zweite Umwandlung – die von einem $\bar{K}^0$ in ein K^0 – rascher abläuft als die erste, die aus dem K^0 ein $\bar{K}^0$ macht. Die Abb. 15b stellt den Ablauf der Umwandlung eines $\bar{K}^0$ in ein K^0 so dar, wie sie ein rückwärts laufender Film von der

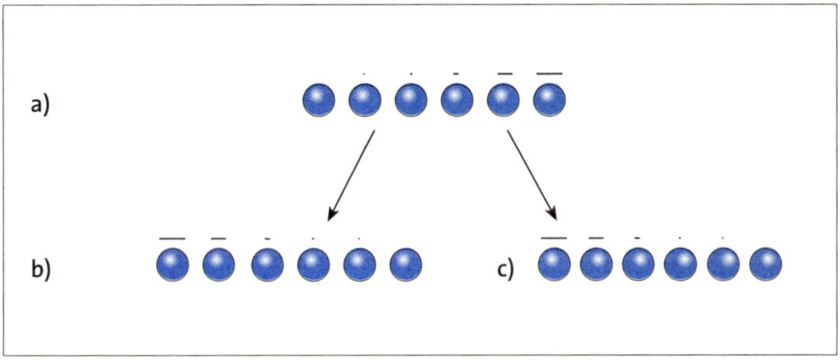

Abb. 15: Zwei wirkliche Teilchen-Antiteilchen-Oszillationen (a und c) im Vergleich mit dem, was ein rückwärts laufender Film von a zeigen würde (b).

tatsächlichen Umwandlung eines K^0 in ein $\bar{K}^0$ zeigen würde – ein Prozess, der in der Natur so *nicht* auftritt.

Die Naturgesetze erlauben, anders gesagt, den Prozess der Abb. 15a und lassen dessen exakte zeitliche Umkehr der Abb. 15b, die ja gleich lange dauern müsste, nicht zu. Analog zur Situation bei den Verletzungen der P-, C- und CP-Symmetrien können wir allein aufgrund der fundamentalen Naturgesetze entscheiden, ob wir einen wirklichen physikalischen Prozess (Abb. 15c) vor uns haben, oder ob uns ein rückwärts laufender Film (Abb. 15b) von einem physikalischen Prozess gezeigt wird, der sich aus dem letzten Bild eines Filmes von 15a als Anfangszustand aufgrund der Naturgesetze entwickelt. Beim $K^0\bar{K}^0$-System sind es die fundamentalen Naturgesetze selbst, die das Auftreten der zeitlichen Umkehrung eines wirklichen Ablaufs in der Natur nicht zulassen – nicht erst die Umstände, unter denen sie wirken.

Neutrinos und die Schwache Wechselwirkung

Weil die Elektronen der β-Strahlen der Abb. 6 durch das angelegte Magnetfeld aufgefächert werden, können sie nicht alle dieselbe Energie besitzen. Das aber müssen sie, wenn die Energie erhalten ist und der Atomkern außer dem Elektron kein Teilchen aussendet und dabei zu einem bestimmten anderen Atomkern wird. Das Problem mit den verschiedenen Reichweiten war folglich, dass kein anderes Teilchen bei dem Zerfall sichtbar auftrat. Um dieses Rätsel zu lösen, hat kein Geringerer als Niels Bohr (1885–1962, Physiknobelpreis 1922) vorgeschlagen, die Gesamtenergie sei nach dem Zerfall nicht dieselbe wie vor ihm, die Energie sei also nicht erhalten. Seltsamerweise schien das um 1920 ein akzeptablerer Vorschlag zu sein als der, den Wolfgang Pauli (1900–1958, Physiknobelpreis 1945) zehn Jahre später, 1930, auf einer Postkarte an den in Tübingen tagenden »radioaktiven Verein« gemacht hat. Dass nämlich bei dem Zerfall ein elektrisch neutrales Teilchen ungesehen entweiche – ein Teilchen, das 1934 von Enrico Fermi (1901–1954, Physiknobelpreis 1938) auf den italienischen Namen Neutrino, das »kleine Neutrale«, getauft werden sollte.

Würden Neutrinos unnachweisbar verschwinden, könnte Paulis Vorschlag von der Absage Bohrs an die Energieerhaltung nicht unterschieden werden. Aber so ist es nicht. Neutrinos wurden fern von ihrem Entstehungsort als Träger der Energie nachgewiesen, die bei ihrer Produktion zu fehlen scheint. Heute dienen »fehlende Energie« und »fehlender Impuls« zum Nachweis von Teilchen, die in Detektoren keine Spuren hinterlassen.

Neutrinos nachzuweisen ist zwar schwer, aber nicht unmöglich. Das Universum ist voll von Neutrinoströmen aus verschiedenen Quellen, vom heißen Urknall über die Sonne bis zu Supernovaexplosionen. Wie schwer es ist, sie nachzuweisen, geht daraus hervor, dass Ströme von ihnen praktisch ungeschwächt die Erde durchdringen. Massenhaft entstehen sie – genauer: Elektron-Antineutrinos – auch in Kernreaktoren, und 1951 ist es Clyde Cowan (1919–1974) und Fred Reines (geb. 1918; Physiknobelpreis 1995) zuerst gelungen, ihre Anwesenheit im Antineutrinostrom des Kernreaktors von Savannah River Plant in South Carolina nachzuweisen. Inzwischen hat sich gezeigt, dass die beim β-Zerfall zusammen mit Elektronen entstehenden Neutrinos in späteren Reaktionen zwar das Auftreten von Positronen, der Antiteilchen der Elektronen, bewirken können, nicht aber der Elektronen selbst. Zusammenfassend können wir Elektronen e^- und Elektron-Neutrinos ν_e die »Elektronenzahl« 1 zuordnen, deren Antiteilchen, Positronen e^+ und Elektron-Antineutrinos $\bar{\nu}_e$, die Elektronenzahl −1 und dann feststellen, dass die Elektronenzahl eine Erhaltungsgröße ist: Sie bleibt bei allen Prozessen ungeändert.

Eine große Entdeckung! Mehr noch: Nicht nur die Elektronenzahl ist erhalten, sondern auch die analog definierte Myonenzahl. Unmittelbar nach der Entdeckung der μ-Teilchen war klar, dass ein μ^- nicht in ein e^- und ein Photon γ zerfällt. Aber warum nicht? Wäre das μ ein angeregtes Elektron, müsste der Zerfall auftreten. Aus diesem Dilemma hilft die Hypothese, dass die Myonenzahl nicht mit der Elektronenzahl identisch ist, sondern dass es zwei unabhängige Leptonenzahlen gibt – eine fürs Elektron, eine fürs μ. Diese Idee hat sich bewährt; nach der Entdeckung des dritten Leptons, des τ und der zugehörigen Neutrinos ab 1975, ist die Tauonenzahl als dritte, abermals analog definierte Leptonenzahl des Standardmodells hinzugekommen.

In der 1934 von Fermi vorgeschlagenen Theorie des β-Zerfalls wird den vier am Zerfall des Neutrons beteiligten Teilchen – das Neutron selbst, dann Proton, Elektron und Neutrino – eine Punkt-Wechselwirkung (Abb. 14a) zugeschrieben. Diese Theorie hat den Schluss erlaubt, dass der Wirkungsquerschnitt von Neutrinoreaktionen – eine Wahrscheinlichkeit! – mit deren Energie unbeschränkt anwächst. Eben deshalb aber trägt Fermis Theorie den Keim ihrer Ungültigkeit in sich: Gälte sie bis hin zu beliebig hohen Energien, müssten Reaktionswahrscheinlichkeiten ihren natürlichen Grenzwert 1 überschreiten, und das wäre absurd.

Neutrinos sind zumindest nahezu masselos. Sind sie wirklich masselos, eröffnet das die faszinierende Möglichkeit, dass Neutrinos

S. 110

»Teilchen ohne Spiegelbild« sind. Nun wissen wir aufgrund der in den letzten Jahren nachgewiesenen **Neutrinooszillationen** zwar, dass das nicht für alle drei Neutrinoarten so sein kann, und möglicherweise für keine Neutrinoart so ist, aber diese faszinierende Möglichkeit muss einfach beschrieben werden. Laut Fermis Theorie treten Leptonen (e^-, μ^-; auch τ^-; und zugehörige Neutrinos ν) – hier im Gegensatz zu Antileptonen (e^+, μ^+; auch τ^+; und zugehörige Antineutinos $\bar{\nu}$) – bei allen sie produzierenden Reaktionen so auf, dass ihr Spin in Bewegungsrichtung gesehen eine Drehung linksherum beschreibt, Spineinstellung und Bewegungsrichtung also antiparallel sind. Unabhängig von allem Weiteren zeigt bereits dieses Detail des Auftretens, dass die für den Produktionsprozess verantwortlichen Naturgesetze nicht spiegelsymmetrisch sind. Denn (Abb.16) das Spiegelbild eines Teilchens mit antiparallelen Ausrichtungen von Spin und Bewegung ist eins mit parallelen Ausrichtungen. Verbieten die Naturgesetze sein Auftreten, kann, was der Spiegel zeigt, in der Wirklichkeit nicht auftreten, so dass die Naturgesetze bereits deshalb nicht spiegelsymmetrisch sein können.

Das bisher Gesagte ist nur unwesentlich verschieden von dem, was wir uns zu dem Experiment von Wu (Abb.13) überlegt haben – nur dass dort die Bewegung die des Zerfallsprodukts Elektron, der Spin der des zerfallenden Kerns war. Tritt aber eine Korrelation von Bewegungs- und Spinrichtung als beispielsweise antiparallel bei einem Teilchen mit der Masse Null auf, kann es sogar so sein, dass die Naturgesetze bereits die schiere Existenz des Spiegelbildes des Teilchens verbieten, dessen Bewegungs- und Spinrichtung ja parallel ausgerichtet sein müssten. Denn dann kann es unmöglich sein, das Teilchen durch eine wirklich durchführbare Transformation in Raum und Zeit in sein Spiegelbild umzuwandeln. Spiegelungen können nicht wirklich durchgeführt werden, weil es unmöglich ist, erst ein wenig zu spiegeln, dann noch ein wenig, bis die volle Spiegelung erreicht ist.

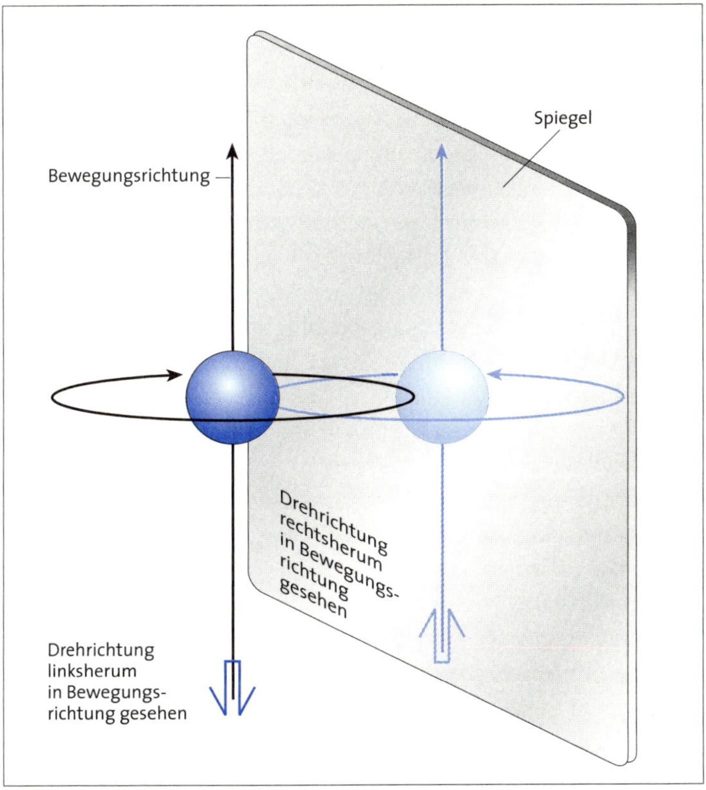

Abb. 16: Das Spiegelbild eines Teilchens, das sich in Bewegungsrichtung gesehen linksherum dreht, dreht sich, ebenfalls in Bewegungsrichtung gesehen (Doppelpfeile), rechtsherum.

Wie das gemeint ist, soll durch Teilchen mit von Null verschiedener Masse illustriert werden, bei denen eben die Umwandlung in ihr Spiegelbild durch wirklich durchführbare Transformationen möglich ist: Ein solches Teilchen kann stets durch eine Änderung der Geschwindigkeit in sein Spiegelbild überführt werden. Und zwar dadurch, dass sich der anfangs ruhende Beobachter schneller als das Teilchen in dieselbe Richtung wie dieses bewegt, es also überholt. Dies getan, bewegt sich das Teilchen für ihn in die Gegenrichtung, aber dessen Drehrichtung ist dieselbe geblieben – aus antiparallel ist parallel geworden, oder umgekehrt. Ist die Masse des Teilchens Null, sticht das Argument aber nicht. Denn Teilchen mit der Masse Null bewegen sich immer mit der höchstmöglichen Geschwindigkeit, der Lichtgeschwindigkeit, so dass sie nicht überholt werden können. Folglich kann es sein, dass masselose Neutrinos, die bei Zerfällen stets mit der Bewegungsrichtung entgegengesetzter Drehrichtung auftreten, schlichtweg kein Spiegelbild im Raum besitzen; dass, anders gesagt, der Teilchentyp »masseloses Neutrino mit Drehrichtung *in* Bewegungsrichtung« in der Liste der existenzfähigen Elementarteilchen nicht vorkommt. Klar – die unter den gegenwärtigen Voraussetzungen ebenfalls masselosen Antineutrinos besitzen die entgegengesetzte Drehrichtung relativ zu ihrer Bewegungsrichtung, aber bei ihnen handelt es sich im Standardmodell nicht um dieselben Teilchen in einem andern Zustand, sondern um Teilchen eines andern Typs, eben um die Antiteilchen der Neutrinos: die einen begleiten Positronen bei Zerfällen, die anderen Elektronen. Die sie verbindende Transformation ist CP, weder C allein noch P.

Inzwischen hat die Physik gelernt, Fermis phänomenologischen Kreis der Wechselwirkungen von vier Teilchen in Vertices von jeweils drei aufzulösen. Beginnen wir mit dem β-Zerfall des Neutrons, Abb. 14a, beschrieben durch die Kopplungsstärke G. Die Abb. 14b unterstellt, dass das Neutron zunächst mit der Kopplungsstärke g' in ein Proton und ein elektrisch negativ geladenes Teilchen W^- zerfällt, das W^- alsdann in ein Elektron und ein Elektron-Antineutrino; Kopplungsstärke g'. Sieht man abermals genauer hin (Abb. 14c), stellt sich der Übergang des Neutrons in ein W^- und ein Proton als »Zerfall« des d-Quarks des Neutrons in ein u-Quark und ein W^- heraus. Nun gibt es zu jedem Teilchen ein entgegengesetzt-gleich geladenes

Antiteilchen mit derselben Masse, zu dem W^- also ein W^+. Auf Grund der CPT-Symmetrie muss mit jedem Zwischenteilchen auch dessen Antiteilchen gleichberechtigt zu allen Prozessen beitragen; hier mit dem W^- das W^+. Die zugehörige Ergänzung des Feynman-Graphen der Abb.14c in Abb.14d kann nicht als Folge von Zerfällen interpretiert werden, sondern erfordert letztlich die Aufgabe der Vorstellung, dass Elementarteilchen in einen im Wortsinn leeren Raum eingebracht werden können, ohne ihn zu verändern: Bleibt man bei der vorgegebenen zeitlichen Reihenfolge, kann der Ablauf der Abb.14d nur als Zusammenstoß eines d-Quarks des Neutrons mit einem W^+ interpretiert werden, das, zusammen mit dem e^- und dem $\bar{\nu}_e$, zuvor im »leeren« Raum verborgen war.

Wegen der Allgemeinheit dieser Zusammenhänge beziehen die von Feynman-Graphen abzulesenden Rechenregeln sie so ein, dass statt Teilchen und Antiteilchen jeweils nur ein Zwischenteilchen dargestellt wird. So halten auch wir es. Den 12 Übergängen, welche der Vertex 10 der Abb. 39 zusammenfasst, kommen 12 Kopplungskonstanten zu, die alle verschieden sein könnten, es aber nicht sind. Das Elektroschwache Standardmodell stellt zwischen ihnen Beziehungen her, die sich als hervorragend erfüllt erwiesen haben. Zunächst aber fällt auf, dass bei Reaktionen mit einem W – tatsächlich bei allen Reaktionen – Leptonen Leptonen und Quarks Quarks bleiben; Quark-Lepton-Übergänge treten nicht auf. Zweitens führen Übergänge von Leptonen zu Leptonen nicht aus der jeweiligen Familie hinaus, so dass Reaktionen mit einem W die Leptonenzahlen nicht ändern. Drittens soll allen drei Reaktionen von Leptonen dieselbe Kopplungskonstante g zukommen, die wir bereits in der Abb.14 für das Elektron eingeführt haben. Diese Hypothese hat sich beim Zerfall des μ (Abb. 17) sowie triumphal bei dem analogen Zerfall des τ in Leptonen bewährt. Hingegen sind die Kopplungen der Quarks über W charakteristisch voneinander und von der leptonischen Kopplung g verschieden.

Wir wenden uns zunächst den Übergängen zu, die ein u- mit einem d- oder s-Quark verbinden. Die erste führt nicht, die zweite führt aus der Familie des u-Quarks hinaus. Die zugehörigen Kopplungen g' und g'' können aus Lebensdauern von Elementarteilchen berechnet werden, die durch die Schwache Wechselwirkung zerfallen, wie in den Abb. 14 und Abb. 18 beispielhaft dargestellt: Die Kopplungskonstante g' beschreibt einen Übergang, der die Seltsamkeit S erhält, während der durch g'' beschriebene sie um eine Einheit ändert. Wichtig ist, dass die drei Konstanten dieselbe Größenordnung besitzen, ja sogar in einem wohlbestimmten Verhältnis zueinander stehen. Es gilt $g' = 0{,}97 \cdot g$ und $g'' = 0{,}23 \cdot g$, wobei die beiden Koeffizienten 0,97 und 0,23 der Kosinus und der Sinus des von dem italienischen Physiker Nicola Cabibbo eingeführten, nach ihm benannten Winkels ϑ_C sind, so dass die Summe ihrer Quadrate 1 sein muss, was mit großer Genauigkeit zutrifft.

Die Theorie der Schwachen Wechselwirkung ermöglicht es, aus g, g' und g'' zusammen mit den Massen der W-Teilchen zahlreiche Lebensdauern und Wirkungsquerschnitte zu berechnen, umgekehrt also die Werte der Kopplungskonstanten nicht nur aus Beobachtungsgrößen zu berechnen, sondern auch Beziehungen zwischen eben diesen Beobachtungsgrößen abzuleiten und dadurch die Theorie zu überprüfen – mit hervorragendem Erfolg. Dies insbesondere im Standardmodell der Elementarteilchentheorie, das zusätzlich Beziehungen zwischen den Größen der Schwachen Wechselwirkung und denen der Quantenelektrodynamik herstellt.

Wie die geladenen W auf die »elastische Streuung« eines Elektron-Neutrinos an einem Elektron führen, zeigt die Abb. 19a. Hingegen kann, wie eine kleine Überlegung zeigt, der Austausch eines elektrisch geladenen W die elastische Streuung eines Elektron-Antineutrinos, eines μ-Neutrinos oder eines μ-Antineutrinos an einem Elektron nicht bewirken – obwohl die Prozesse insgesamt keinen **Erhaltungssatz** der Leptonenzahl verletzen.

S. 116

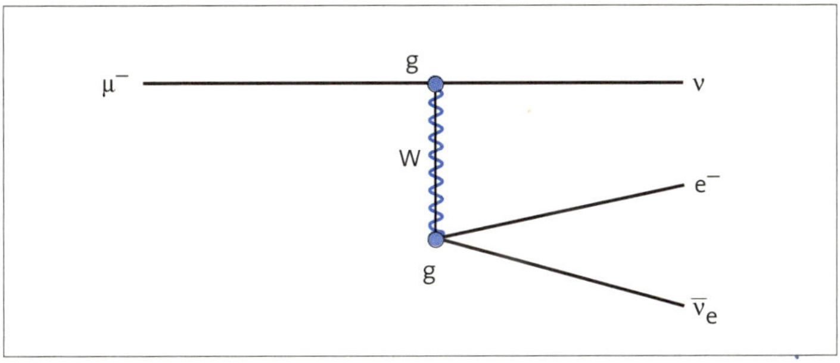

Abb. 17: Die durch Zerfall eines μ laut Standardmodell der Elektroschwachen Wechselwirkung $N(e^-)+N(\bar{\nu}_e)-[N(e^+)+N(\bar{\nu}_e)]$ definierte Elektronenzahl N_e bleibt bei allen Prozessen des Standardmodells ungeändert. Für die analog definierten N_μ und N_τ gilt dasselbe; hier: $N_e = 0, N_\mu = 1$.

Wechselwirkungen des Standardmodells

Von allen Elementarteilchen des Standardmodells spüren einzig die Neutrinos, die Antineutrinos und das elektrisch neutrale Austauschteilchen Z der Schwachen Wechselwirkung nur die Schwache Kraft; von den Wechselwirkungen des noch hypothetischen Higgs-Bosons sehen wir ab. Die einfach elektrisch negativ geladenen Austauschteilchen W^- der Schwachen Wechselwirkung, die Leptonen e^-, μ^-, τ^- mit derselben Ladung sowie die Quarks u, d, c, s, t, b mit ihren Ladungen 2/3 und –1/3 unterliegen zusätzlich zur Schwachen auch der Elektrischen und Magnetischen – kurz: Elektromagnetischen – Wechselwirkung durch Austausch von elektrisch neutralen, masselosen Photonen γ. Mit den umgekehrten Ladungen gilt dasselbe selbstverständlich auch für deren Antiteilchen $W^+, e^+, \mu^+, \tau^+, \bar{u}, ..., \bar{b}$. Die aus Quarks und / oder Antiquarks zusammengesetzten Teilchen, ob nun elektrisch geladen wie das Proton und das π^+, oder elektrisch neutral wie das Neutron und das π^0, unterliegen wegen ihres Aufbaus ebenfalls der Elektromagnetischen Wechselwirkung. So zerfällt das π^0 in zwei γ.

Es gibt eine Reihe von Prozessen, die nicht auftreten würden, wenn es die Schwache Wechselwirkung durch W-Austausch nicht gäbe. Einige haben wir kennen gelernt; unter ihnen die Streuung eines Elektron-Neutrinos an einem Elektron (Abb. 19a). Gäbe es diese Wechselwirkung nicht, könnten weder die elektrisch geladenen π-Mesonen noch die K-Mesonen zerfallen, und die Welt wäre von ihnen überschwemmt. Auch die Neutronen wären stabil und mit ihnen die Myonen.

Zerfallsdiagramme, die unter anderem dies verhindern, sind die der Abb. 14, Abb. 17 und Abb. 18. Unter diesen Zerfällen zeichnet den Zerfall des μ in Abb. 17 aus, dass die Existenz der anderen Wechselwirkungen sich auf ihn nur sehr wenig auswirkt. Hingegen ist die Starke Wechselwirkung für die Existenz der aus Quarks aufgebauten Teilchen verantwortlich. Sieht man von deren Aufbau aber als vorgegeben ab, reicht die Kenntnis der Schwachen Wechselwirkungen von Quarks und Leptonen durch Austausch der W auch bei ihnen aus, um die jeweilige Lebensdauer der beteiligten Teilchen und die Wirkungsquerschnitte ihrer Reaktionen zu berechnen. Mehr noch: Die Schwache Wechselwirkung kann benutzt werden, um Aufschluss über eben diesen Aufbau zu gewinnen. Ohne die elektromagnetische Wechselwirkung würde der Zerfall des π^0-Mesons in zwei Photonen nicht auftreten.

Genau genommen aber treten im Standardmodell keine Prozesse auf, die von nur einer Wechselwirkung beeinflusst würden. So hängt auch die Elektron-Elektron-Streuung für ein Elektron als T in der Abb. 5 von der Starken Wechselwirkung zwischen Quarks und Gluonen ab. Dadurch zum Beispiel, dass ein b-Quark mit seinen Wechselwirkungen an die Stelle des Elektrons der inneren Linie der Abb. 5d treten kann. Die zugehörigen Korrekturen sind zwar so klein, dass sie den Streuprozess kaum beeinflussen, aber vorhanden sind sie.

Wenn, wie ein Blick auf die Vertices 1–6 der Abb. 39 (hintere Umschlagseite) lehrt, ein Diagramm ein γ als inneres Teilchen enthält,

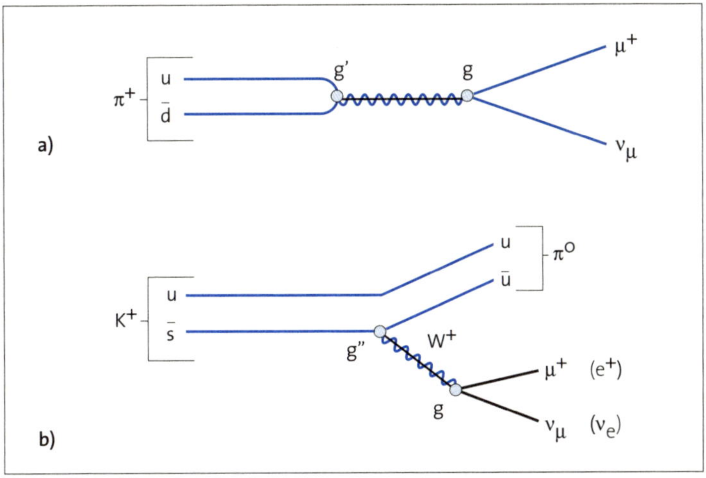

Abb. 18: Zwei Zerfälle von Mesonen durch a) die Seltsamkeit *S* erhaltende sowie b) die sie ändernde Schwache Wechselwirkung.

so trägt zu dem fraglichen Prozess auch dasselbe Diagramm mit einem *Z* statt des γ bei; von Spineinstellungen sehen wir ab. Das Umgekehrte gilt auch, wenn das *Z* in dem fraglichen Diagramm nur an elektrisch geladene Teilchen koppelt. Es kann in diesen Fällen also nicht ausreichen, nur eines der beiden Diagramme bei der Berechnung einer Lebensdauer oder eines Wirkungsquerschnitts zu berüksichtigen. Dies aber nur »im Prinzip«. Denn von den Massen und Energien der im Anfangs- und Endzustand der Reaktion vorhandenen Teilchen hängt es ab, ob eines der beiden Diagramme über das andere dominiert und, wenn ja, welches.

Nehmen wir noch einmal die Streuung zweier Elektronen für ein Elektron als *T* in der Abb. 5. Hier dominiert bei allen nicht allzu großen Energien der Elektronen der Beitrag des Photonaustausches über den des *Z*-Austausches. Das nun nicht deshalb, weil die Kopplung des γ an das Elektron größer wäre als die des *Z*, sondern wegen des Massenunterschiedes der beiden Austauschteilchen.

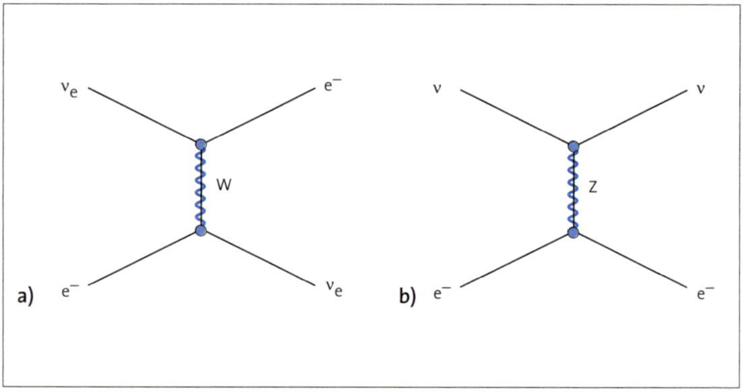

Abb. 19: Die Streuung eines Elektron-Neutrinos ν_e an einem Elektron e^- im Elektroschwachen Standardmodell (a). Ohne die Neutrale Schwache Wechselwirkung durch *Z*-Austausch (b) kann keine Streuung eines anderen Neutrinos als des ν_e oder irgendeines Antineutrinos an einem Elektron auftreten.

Um den Ursprung der offensichtlichen Verschiedenheit der Elektromagnetischen und der Schwachen Wechselwirkung zu erläutern, wenden wir uns den *W* zu. Der Wirkungsquerschnitt der Neutrino-Elektron-Streuung der Abb. 19a ist bei niedrigen Energien von Neutrino und Elektron im Anfangszustand nach Auskunft der Rechenregeln für Feynman-Graphen bis auf eine kleine Korrektur zu dem Kehrwert der vierten Potenz der Masse des ausgetauschten *W* proportional. Angenommen nun, es gäbe Teilchen W^*, die das Doppelte der Masse der *W* besäßen, ihnen ansonsten aber glichen. Dann würden sie für sich allein auf einen Wirkungsquerschnitt führen, der um den Faktor $2^4 = 16$ kleiner ist als der tatsächliche. Da es in unserem Szenario aber *beide* Typen von *W*-Teilchen gibt, tritt ein gemischter »Interferenz«-Term auf, der insgesamt ein um nur den Faktor $2^2 = 4$ geringeres Gesamtresultat liefert. Beim γ verglichen mit dem *Z* sind die Dinge wegen der Masse Null des γ komplizierter, aber eben deshalb ist bei niedrigen Energien die Dominanz des Graphen der Abb. 5b über c noch ausgeprägter als bei dem Beispiel des *W* und W^*.

Die für das Standardmodell der Elektromagnetischen und Schwachen Wechselwirkungen eminent wichtige Konsequenz der Abhängigkeit von Wirkungsquerschnitten von den Massen der virtuellen Austauschteilchen ist, dass die Kopplungskonstanten beider Wechselwirkungen entgegen dem ersten Anschein, dem die Schwache Wechselwirkung ihre Bezeichnung verdankt, etwa gleich groß sind.

Die über die Beiträge der Diagramme mit *W*-Austausch zu Wirkungsquerschnitten und Lebensdauern entscheidende Größe ist das Produkt der Kopplungskonstanten an den Vertices miteinander und mit dem Kehrwert des Quadrates der Masse m_W des *W* – für den Neutron-Zerfall also $g \cdot g'/(m_W)^2$, worin g' und g nahezu gleich groß sind. Folglich kann, weiß man weiter nichts, die Masse m_W so gewählt werden, dass die »Schwache Ladung« g gerade so herauskommt, dass sie mit der »Elektromagnetischen Ladung« e übereinstimmt; jedenfalls dem Betrage nach, auf den allein wir hier achten. Seit langem ist bekannt, dass die Wahl 100 GeV für m_W eine ungefähre Übereinstimmung liefert; mit dem experimentellen Wert von 80 GeV ist sie perfekt. Analoges gilt für den Vergleich der Diagramme Abb. 5b und c: Das zweite von ihnen liefert verglichen mit dem ersten nicht deshalb einen kleinen Beitrag, weil die Kopplung des *Z* an die geladenen Teilchen dem Betrage nach viel kleiner wäre als deren Kopplung an das γ, sondern deshalb, weil die Masse des *Z* mit 91 GeV etwa so groß ist wie die der *W*.

Ist das *T* der Abb. 5 ein Positron, tragen zu dem durch sie ermöglichten Prozess auch die Diagramme der Abb. 8h und i (S. 21) bei. Und zwar mit so vielen und so großen Vertices wie sie auch die Abb. 5b und c besitzen. Ist das *T* der Abb. 5 hingegen irgendein anderes Teilchen, etwa ein Elektron, kann es keinen Beitrag durch Diagramme des Typs Abb. 8h und i geben. Umgekehrt kann zu den durch die Graphen der Abb. 8h und i ermöglichten Prozessen mit *T* abermals einem anderen Teilchen als einem Elektron / Positron kein Graph nach Art der Abb. 5 beitragen.

Die Energieabhängigkeiten der Beiträge der Graphen Abb. 8h und i zu den von ihnen beschriebenen Prozessen sind derart, dass bei niedrigen Energien die Beiträge der Graphen mit einem γ die derselben Graphen mit einem Z anstelle des γ um Größenordnungen überwiegen. Das aber wird anders bei wachsender Energie, bis etwa zu der Energie, deren Masseäquivalent die Masse des Z ist, dessen Beitrag dann den des γ um Größenordnungen überwiegt. Bei abermals höherer Energie nähern sich die Beiträge der beiden Graphen einander wieder an (von Spin-Effekten auch hier abgesehen). Ein Vergleich von Kopplungskonstanten bei niedrigen Energien unter Einbeziehung der Massen der Austauschteilchen ermöglicht folglich Vorhersagen der Energieabhängigkeit von Wirkungsquerschnitten bei höheren Energien, die experimentell bestätigt wurden.

Bemerkt sei auch, dass erst die Masse Null des Photons es ermöglicht, eine konsistente, will heißen renormierbare Theorie der Elektromagnetischen Wechselwirkungen, eben die Quantenelektrodynamik, zu formulieren. Konsistent ist erstens die Quantenelektrodynamik für sich allein mit ihrem masselosen Photon als einzigem Austauschteilchen. So bereitet es keine Probleme, innerhalb der Quantenelektrodynamik den Beitrag eines Diagramms mit inneren Schleifen wie dem der Abb. 5d oder e zu dem Prozess der Abb. 5a mit T beispielsweise einem Elektron zu berechnen. Erst dem Standardmodell der elektroschwachen Wechselwirkung ist es aber gelungen, analoge Graphen mit massiven Z statt der masselosen γ in eine konsistente Theorie einzubetten. Insgesamt bildet das Standardmodell der Elektroschwachen Wechselwirkung eine konsistente Theorie.

Dasselbe gilt für das Standardmodell der Starken Wechselwirkung durch Austausch von Gluonen, aber mit einem bedeutenden Unterschied. Um eine Lebensdauer oder einen Wirkungsquerschnitt zwischen äußeren Teilchen zu berechnen, müssen die Beiträge aller Diagramme, die zu dem Prozess beitragen, aufaddiert werden. Das liefert eine unendliche Reihe von berechenbaren Summanden, deren

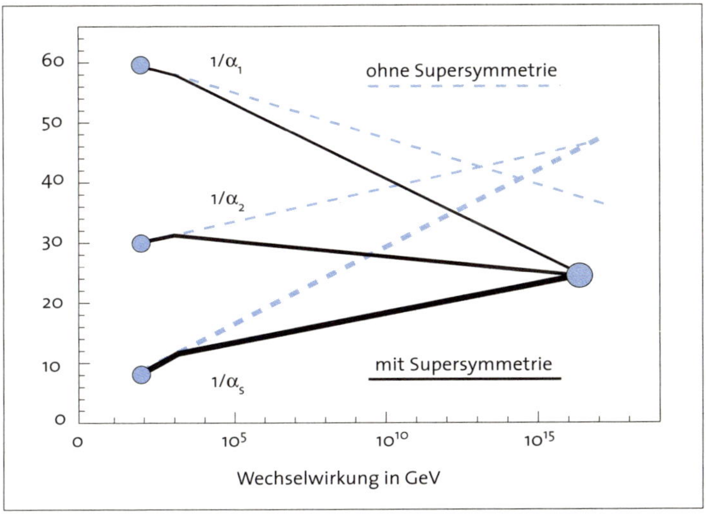

Abb. 20: Kehrwerte der Quadrate der Kopplungsstärken der drei Wechselwirkungen des Standardmodells. Gemessen wurden die Kopplungsstärken bei Energien um 100 GeV; die Extrapolationen aufgrund theoretischer Modelle reichen bis 10^{16} GeV. Die gestrichelten Kurven sind die des Standardmodells ohne zusätzliche Teilchen und Wechselwirkungen; die durchgezogenen nehmen Gültigkeit der minimalen supersymmetrischen Verallgemeinerung des Standardmodells an. Sie, und nur sie, treffen sich in einem Punkt. Das aber ist eine der Voraussetzungen dafür, dass die drei durch ihre Kurven symbolhaft dargestellten Wechselwirkungen in einer vereinheitlichenden Grand Unified Theory, kurz GUT, aufgehen können. Aber auch andere, bisher nicht erahnte Erweiterungen des Standardmodells können auf GUT-Vereinheitlichungen der Kopplungen führen. Die Möglichkeit einer GUT wäre auch dann nicht ausgeschlossen, wenn die minimale supersymmetrische Erweiterung des Standardmodells das sein sollte.

Summe aber nicht berechnet werden kann. Die Theoretiker sind also darauf angewiesen, Teilsummen zu bilden, von denen angenommen werden kann, dass sie zumindest in gewissen Energiebereichen die Summe nahezu richtig wiedergeben. Das aber setzt voraus, dass Kopplungskonstanten der beitragenden Vertices klein verglichen mit

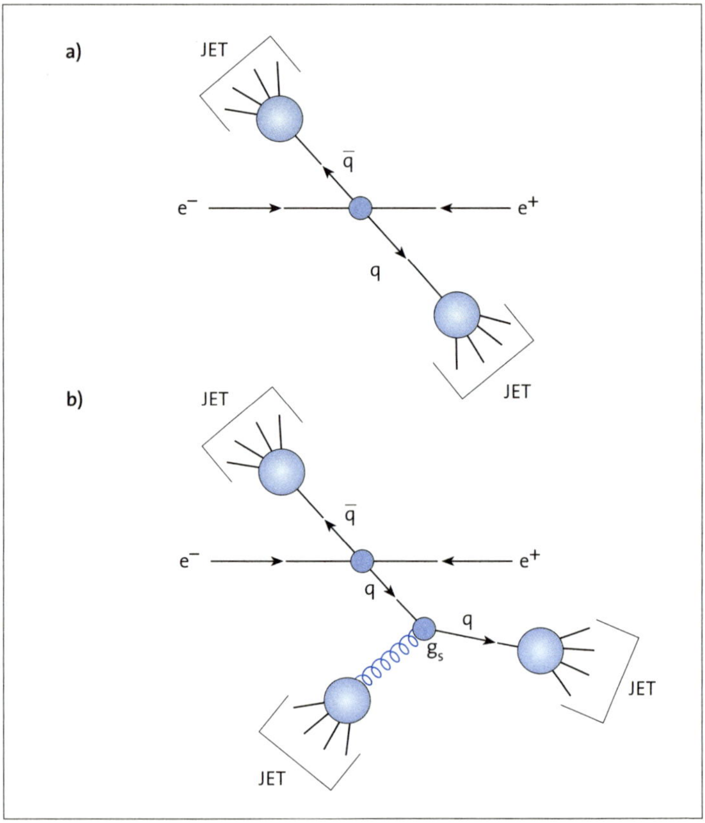

Abb. 21: Diagramme für die Erzeugung von Jets realer Teilchen (Abb. 22) aus Quarks und Gluonen durch Hadronisierung in der Elektron-Positron-Vernichtung.

1 sind. So ist es im Standardmodell der Elektroschwachen, nicht aber in dem der Starken Wechselwirkung. Möglich ist aber, Untersummen von Diagrammen der Starken Wechselwirkung zu bilden und ihnen »laufende Kopplungen« zuzuweisen, die in Berechnungen die Rolle von Kopplungskonstanten übernehmen. Durch dieses Vorgehen kön-

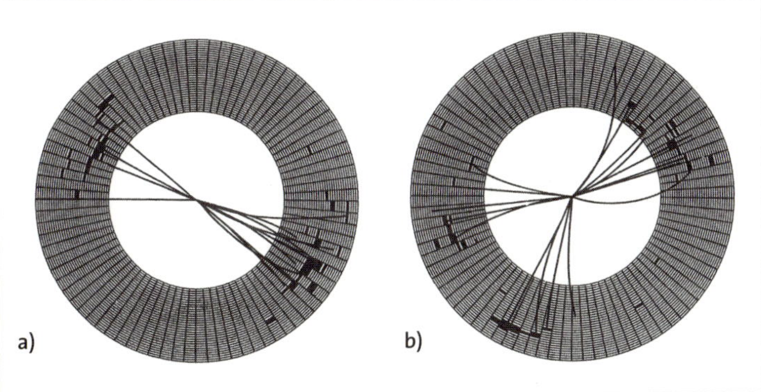

Abb. 22: Bündel von Teilchen entstehen durch einen Prozess namens Hadronisierung aus primär erzeugten Quarks und Gluonen, die einzeln nicht auftreten können.

nen schließlich doch Wirkungsquerschnitte von Prozessen der Starken Wechselwirkung durch Austausch von Gluonen berechnet werden – allerdings nur bei hohen Energien. Dies deshalb, weil die laufenden Kopplungen der Wechselwirkung von Quarks und Gluonen mit wachsender Energie abnehmen – was die Theorie ergeben und das Experiment bestätigt hat (Abb. 20).

Maschinen, die es ermöglichen, Elektronen und Positronen auf Kollisionskurs zu bringen, haben in den letzten Jahrzehnten wesentlich zum Verständnis der Elementarteilchen und ihrer Reaktionen beigetragen. Zwei Teilchen wie das Elektron und das Positron mit von Null verschiedenen Massen können zwar in ein virtuelles, nicht aber in ein wirkliches masseloses Photon übergehen, so dass der Vertex der Abb. 8a keinen realen Prozess mit einem Photon als äußerem Teilchen beschreiben kann. Hingegen kann gemäß der Abb. 8c das massive *Z* in der Elektron-Positron-Vernichtung als reales Teilchen unter der Voraussetzung erzeugt werden, dass die Gesamtenergie richtig ist, also etwa 91 GeV beträgt. Spuren in Detektoren hinterlassen aber nur die elektrisch geladenen Zerfallsprodukte des kurzlebigen *Z*, das sogleich nach seiner Erzeugung wieder zerfällt. Die Wahrscheinlichkeiten des Auftretens der verschiedenen elektrisch geladenen Zerfallsprodukte T^+T^- des Z können durch die Graphen der Abb. 8i so berechnet werden, als ob das Z wie das γ ein inneres Austauschteilchen sei, was es ja bei anderen Energien als gerade seiner Masse tatsächlich ist. Weil das Z aber, anders als das γ, durch denselben Graphen nicht nur an elektrisch geladene Teilchen, sondern auch an die neutralen Neutrinos koppelt, treten auch diese unter den Zerfallsprodukten des Z auf und tragen zu dessen Zerfallswahrscheinlichkeit bei. Natürlich können nur »leichte« Neutrinos mit Massen, die nicht größer sind als die Hälfte der Masse des Z, bei dem Zerfall entstehen. Messungen der Zerfallswahrscheinlichkeit des Z sind in hervorragender Übereinstimmung mit dem Standardmodell, das genau drei Familien und mit ihnen Typen leichter Neutrinos kennt. Auch die Astrophysik favorisiert drei Typen leichter Neutrinos.

Durch die Prozesse der Abb. 8h und i können bei hinreichender Energie beliebige elektrisch geladene Teilchen-Antiteilchen-Paare T^+T^- erzeugt werden. Nun können zwar die μ^+ und μ^- eines T^+T^--Paares problemlos einzeln als Endprodukte einer Reaktion in der Wirklichkeit auftreten, aber das Quark q und Antiquark $\bar{q}$ eines ein Quark-Antiquark-Paares können das nicht. Diese aber können, wenn die Gesamtenergie dafür richtig ist, zusammen ein Teilchen mit der Quarkzusammensetzung $q\bar{q}$ bilden. Ist die Gesamtenergie hierfür zu groß, fliegen die ursprünglichen q und $\bar{q}$ zunächst voneinander fort. Dann entstehen aus ihnen durch einen Prozess namens Hadronisierung – der nur durch Modelle beschrieben werden kann, die weit über das Standardmodell hinausgehen – mit der Wahrscheinlichkeit 1 ebenfalls gewöhnliche, aus Quarks und Antiquarks aufgebaute Teilchen (Abb. 21a). Diese treten als Endprodukte der Reaktion offen auf. Und zwar als Bündel von Teilchen, Jets genannt, die in die Richtung fliegen, in die zuvor das Quark oder Antiquark, von dem sie abstammen, flog (Abb. 22a). Qualitativ beruht der Prozess der Hadronisierung darauf, dass Quarks und Antiquarks einander mit einer Kraft anziehen, die mit ihrem Abstand nicht abnimmt, sondern konstant ist. Fliegen sie voneinander fort, wird Bewegungsenergie in Lageenergie umgewandelt, und das bewirkt, dass zwischen ihnen gemäß $E = mc^2$ neue Quarks und Antiquarks paarweise entstehen, die sich miteinander und mit ihnen zu gewöhnlichen Teilchen zusammentun und schließlich als Teilchenbündel in die ursprünglichen, einander entgegengesetzten Bewegungsrichtungen des Quarks und seines Antiquarks davonfliegen.

DER WEG ZUM STANDARDMODELL

Die Physik der Elementarteilchen, wie wir sie heute kennen und lehren, unterscheidet sich grundlegend von jener der Jahre 1947 bis 1974. Die durch den Zweiten Weltkrieg geschaffene Zäsur in der Entwicklung der Grundlagenphysik hatte bei Kriegsende zahlreiche lose Enden hinterlassen, die ab 1947 zu einzelnen Strängen zusammengeführt werden konnten. Vornehmlich zu nennen sind (1) die Quantenelektrodynamik (QED) als erste vollständige und konsistente Theorie einer Klasse von Wechselwirkungen, (2) die genau genommen inkonsistente Theorie der geladenen Schwachen Wechselwirkungen mit ihren Symmetriebrechungen, (3) die Theorie der analytischen *S*-Matrix sowie (4) das Quarkbild der Hadronen und dessen **Symmetrien**. S. 116

Die präzisen Termine 1947 und 1974 für den Beginn und das Ende der Periode der Elementarteilchenphysik, die uns die bereits aufgelisteten Einsichten (1)–(4) beschert haben, sind die einer Konferenz im Juni 1947 auf Shelter Island an der Ostküste der USA und die der Entdeckung des *c*-Quarks im November 1974, die sich als Novemberrevolution in das Gedächtnis der Physiker eingegraben hat. In Shelter Island hat Willis Eugene Lamb (geb. 1913, Physiknobelpreis 1955) erstmals über seine Ausmessungen der Energieniveaus des Wasserstoffatoms berichtet, deren Ergebnisse von den Konsequenzen der Dirac-Gleichung abweichen. Die Grundidee, die das spätere quantitative Verständnis des *Lambshift* ermöglichte, hat Hans Bethe (geb. 1907, Physiknobelpreis 1967) kurz danach entwickelt: Das Elektron im Wasserstoffatom sendet fortwährend Photonen aus und absorbiert sie wieder.

An derselben Konferenz hat Polykarp Kusch (geb. 1911, Physiknobelpreis zusammen mit Lamb 1955) über seine Bestimmung der magnetischen Eigenschaften des Elektrons berichtet, die ebenfalls von den Konsequenzen der Dirac-Gleichung abweichen: Die Kennzahl g_e für das magnetische Moment des Elektrons, die laut Dirac 2 sein soll, ist tatsächlich nicht genau 2, sondern nach neuesten Messungen 2+0,02319304374 – zwischen Theorie und Experiment besteht Übereinstimmung. Das macht g_e zu der am genauesten aus einer fundamentalen Theorie berechneten experimentell bestimmten Zahl der Physik. Das analog definierte g_μ des μ hat durch neue Messungen, die eine Diskrepanz zwischen Theorie und Experiment möglich erscheinen lassen, viel Aufmerksamkeit erregt.

Mit den Diskrepanzen zwischen Diracs Theorie und dem Experiment hat im Juni 1947 die Entwicklung der QED durch Richard P. Feynman und Julian Schwinger (1918–1994), die beide auf Shelter Island anwesend waren, begonnen. Sie sollten hierfür zusammen mit Sin-tiro Tomonaga (1906–1979), der ähnliche Ideen bereits vor 1945 in Japan ausgearbeitet hatte, den Nobelpreis für Physik des Jahres 1965 erhalten. Die Entdeckung des c-Quarks hat im November 1974 dem Standardmodell der Elektroschwachen Wechselwirkung zum Durchbruch verholfen.

Grundlegende Einsichten

Die Formulierung des Standardmodells und der Beweis seiner grundlegenden theoretischen Eigenschaften wie Renormierbarkeit und Asymptotische Freiheit hat die Jahre 1961 bis 1973 in Anspruch genommen. Einige der Einsichten aber, auf denen das Modell beruht, sind viel älter. Steven Weinberg hat einmal geschrieben, vor der Entwicklung des Modells seien »richtige Ideen auf für sie falsche Theorien« angewendet worden.

Es sind drei Probleme, welche die Theorie der Schwachen Wechselwirkung vor der Entwicklung des Standardmodells hatte, und die durch dieses überwunden wurden. Erstens das Problem der Renormierung, zweitens das der Masse der *W* und drittens, bei Einbeziehung von Quarks in das Modell, die Unterdrückung der die Seltsamkeit ändernden Schwachen Wechselwirkungen. Als dies überwunden war, ergab sich eine Fülle von neuartigen Vorhersagen, die ausnahmslos bestätigt wurden.

Zwar benötigt das Elektroschwache Standardmodell zu seiner Formulierung Teilchen, die nicht in den vereinzelten Elektromagnetischen und Schwachen Theorien auftreten, aber deren Teilchen Photon, Elektron, μ und Neutrinos kennt auch das Standardmodell. Von den Teilchen der »klassischen« starken Wechselwirkungen tritt hingegen keins in deren Standardmodell als elementares Teilchen auf. In Anbetracht der Vielzahl scheinbar gleichberechtigter Teilchen, die an der Starken Wechselwirkung teilnehmen, kam es in der Formulierung von Murray Gell-Mann (geb. 1929, Physiknobelpreis 1969) vor allem darauf an, »das Elektron der Starken Wechselwirkung« aufzufinden – und, selbstverständlich, das Photon. Als diese haben sich die Quarks und Gluonen erwiesen.

Lokale Eichtransformationen erlauben es dem Beobachter, an seinem Ort und zu seiner Zeit den Nullpunkt der elektrischen Spannung frei zu wählen. Treffen alle Beobachter dieselbe Wahl, bleiben die Spannungsdifferenzen ungeändert. Denn es sind die Differenzen elektrischer Spannungen, nicht deren absolute Werte, die Kräfte auf Ladungen ausüben: Vögel können, ohne Schaden zu nehmen, sowohl auf der Erde bei (durch Konvention) Null Volt Spannung, als

auch auf Hochspannungsleitungen bei tausend Volt sitzen. Daher ist es geradezu selbstverständlich, dass die Naturgesetze dieselben bleiben, wenn überall und zu allen Zeiten dieselbe Neuwahl des Spannungsnullpunkts getroffen wird. Von vornherein höchst unplausibel ist aber die Forderung, dass auch eine Neuwahl, die diese Voraussetzung nicht erfüllt, die Naturgesetze ungeändert lässt. Sind die zeitlichen und / oder räumlichen Abstände, bei denen die Verschiedenheit der Neuwahlen spürbar wird, groß gegenüber der Ausdehnung und / oder der Dauer von Experimenten, ist die Forderung noch plausibel. Nicht aber die Forderung nach umfassender **Lokaler Eich-**
S. 119 **symmetrie**, wie sie mit überragendem Erfolg zur Ableitung von Naturgesetzen erhoben wird. Sollen derartige Transformationen Symmetrieoperationen der Naturgesetze sein, müssen diese auch bei Einführung der den Spannungsdifferenzen entsprechenden Kräfte ungeändert bleiben, Kräfte also bereits als Möglichkeit enthalten: Keine Theorie, die keine Kräfte zwischen ihren Teilchen zulässt, kann lokal eichsymmetrisch sein. Dass Forderungen nach lokalen Symmetrien eminent folgenreich sind, ist deshalb einsichtig, weil sie unplausibel sind, sie schrammen nahe an einem Widerspruch vorbei. Wären sie tatsächlich widersprüchlich, würde aus ihnen aufgrund der Regeln der Logik überhaupt jede sinnvolle Aussage folgen. Dass aber die Natur die Lokale Eichsymmetrie respektiert, grenzt an ein Wunder.

Ein von C.N. Yang und Robert Mills stammendes Modell hat 1954 gezeigt, wie mehrere Austauschteilchen statt des einen Photons der QED in einer Theorie vereinigt werden können. Yang und Mills wollten die Starke Wechselwirkung durch drei stark wechselwirkende Teilchen, die den Spin 1 des Photons besitzen, als Austauschteilchen beschreiben – ein Beispiel für die von Weinberg angeführte Anwendung richtiger Ideen auf falsche Theorien. Die richtige Anwendung der Idee der lokalen Eichsymmetrie nach dem Vorbild der Quantenelektrodynamik hat sowohl auf das Standardmodell der Elektroschwachen als auch das der Starken Wechselwirkungen geführt.

Lokal symmetrische Theorien sind um ihre Austauschteilchen herumgebaut. Genauer entspricht jedes Austauschteilchen einer Symmetrieoperation der Theorie. Nehmen wir Drehungen als Beispiel. Drehungen im dreidimensionalen Raum der Anschauung sind selbstverständliche Symmetrieoperationen einer jeden Theorie der Elementarteilchen. Als Symmetrieoperationen können aber auch Drehungen in dem abstrakten Raum der Eigenschaften der Elementarteilchen hinzu kommen. So in der Theorie von Yang und Mills: Deren lokale **Symmetrien** sind Verallgemeinerungen einer solchen Symmetrie. Ihre Theorie kennt drei Austauschteilchen, und sie entsprechen den Drehungen um drei aufeinander senkrecht stehende Achsen, die voneinander unabhängig sind und aus denen jede beliebige Drehung aufgebaut werden kann. Nicht im Raum der Anschauung, sondern in dem abstrakten Raum der Eigenschaften von Elementarteilchen. S. 116

Die vier Austauschteilchen des Elektroschwachen Standardmodells – die beiden W, das Z und das γ – entsprechen anderen Symmetrieoperationen unter den Elementarteilchen. Die Masse nur eines von ihnen – die des Photons γ – ist Null. Bis zu einer Reihe grundlegender Arbeiten des Jahres 1964, die auf der Idee der »Spontanen Symmetriebrechung« Werner Heisenbergs basieren, war nur *eine* Methode bekannt, die von Null verschiedene Masse eines Teilchens in die Theorie einzubringen: durch einen Term, der diese Masse als frei wählbaren Faktor trägt.

Nun lehrt ein Blick in den Formalismus der Quantenfeldtheorie, dass keine Theorie, in der ein Austauschteilchen mit so festgelegter, von Null verschiedener Masse auftritt, die diesem Teilchen entsprechende lokale Eichsymmetrie besitzen kann. Wohl aber, wenn dessen Masse durch geeignete Wechselwirkungen zwischen den Elementarteilchen der Theorie erzeugt wird. Mehr noch gilt dies für Quarks und Leptonen bei mehr als einem Austauschteilchen á la Yang-Mills. Von allen Mechanismen, die zur Masseerzeugung bei Erhalt der lokalen Symmetrie vorgeschlagen wurden und immer wieder vorgeschlagen werden, konnte sich nur der Higgs-Mechanismus bis heute behaupten. Werden Massen durch den Higgs-Mechanismus erzeugt, können die Massen der Teilchen einer Theorie keinen Einwand mehr gegen deren Lokale Symmetrie begründen. Folglich auch keinen gegen deren Renormierbarkeit, wie sie allen lokal symmetrischen Theorien unterstellt wird.

Der masseerzeugende Higgs-Mechanismus erlaubt eine anschauliche Interpretation durch ein Feld, das den gesamten Raum erfüllt. Genaues über dieses Higgs-Feld wissen wir nicht. Es kann ein Feld sein, dem, wie anderen Feldern, ein Teilchen entspricht. Dies tritt im Elektroschwachen Standardmodell unter dem Namen Higgs-Teilchen auf, und das ist das einzige Teilchen des Modells, dessen Existenz bisher nur indirekt – durch seine Effekte als inneres Teilchen in Feynman-Graphen – nachgewiesen werden konnte. Offen auftreten soll es bei den höchsten Energien von Beschleunigern, die bereits laufen (Tevatron) oder 2007 ihren Betrieb aufnehmen sollen (LHC).

Das Higgs-Feld erfüllt den Raum und hat einen merkwürdigen Einfluss auf die Elementarteilchen. Gäbe es das Feld nicht, wären sie masselos, so dass sie sich nur mit Lichtgeschwindigkeit bewegen, insbesondere nicht stillstehen könnten. Das Feld aber hemmt ihren Lauf. Nicht so, dass es ihre Bewegung langsamer und langsamer machte, wie es gewöhnliche Medien tun, sondern so, dass sie sich durch das Feld mit gleichbleibender Geschwindigkeit unterhalb der Lichtgeschwindigkeit bewegen und auch stillstehen können.

Das Standardmodell der Elektroschwachen Wechselwirkungen besitzt vier lokale, seinen Austauschteilchen trotz ihrer Massen entsprechende Symmetrien, und – die Hauptsache – es ist renormierbar. Es war Weinberg, der dies alles 1967 als Erster in einem Modell allein für die Leptonen zusammengefasst hat. Die Einbeziehung der Quarks bereitete Probleme, weil es im Widerspruch zum Experiment unmöglich ist, bei nur den drei damals bekannten Quarks u, d und s

das Auftreten von Schwachen Wechselwirkungen zu unterdrücken, die zwar nicht die elektrische Ladung, wohl aber die Seltsamkeit ändern. Prozesse dieser Art, die auf dem Quark-Niveau durch den Übergang eines *s*-Quarks mit der Ladung −1/3 in ein *d*-Quark mit derselben Ladung und ein Z beschrieben werden können, sind sehr, sehr selten verglichen mit Prozessen der Schwachen Wechselwirkung, bei denen die Seltsamkeit zusammen mit der elektrischen Ladung geändert wird, bei denen also ein s-Quark in ein u-Quark mit der Ladung 2/3 und ein W übergeht. Ein Beispiel für einen Prozess, bei dem zwar die Seltsamkeit geändert wird, die Ladung aber dieselbe bleibt, ist der äußerst seltene Zerfall eines K^0 mit der Quarkzusammensetzung $\bar{s}d$ über ein Z in ein $\mu^+\mu^-$-Paar. In einer Arbeit des Jahres 1970 schlugen S. L. Glashow, J. Iliopoulos und L. Maini – kurz GIM – zur Lösung eines der mit dem *s*-*d*-Übergang verbundenen Probleme die Hypothese vor, es existiere zusätzlich zu den damals bekannten drei Quarks ein viertes, dem sie den Namen charmantes Quark, kurz *c*-Quark, gaben.

Um dieses Quark einzubeziehen, muss die Wirkung der den Austauschteilchen W, Z und γ entsprechenden Symmetrieoperationen auch im Raum der Quarks u, d und s geändert werden. Und zwar so, dass die nunmehr vier Quarks zusammen zwei Paare (u,d) und (c,s) bilden, die durch die Leptonen e und μ sowie deren Neutrinos ν_e und ν_μ zu den zwei Familien (u,d,e,ν_e) und (c,s,μ,ν_μ) des Standardmodells vervollständigt werden. Wobei nun in jeder dieser Familien die Symmetrieoperationen unabhängig voneinander wirken können. Hierdurch heben sich die störenden, den Übergang vom s zum d bewirkenden Terme gerade gegenseitig auf. Gibt es das s nicht, entfällt das Problem und es stellt sich heraus, dass das Modell nur eine Familie benötigt, so dass es zur Klärung der alten Frage, warum es zusätzlich zum e auch noch das μ gibt, nicht beitragen kann.

Kurz nach GIM hat Steven Weinberg bemerkt, dass der Mechanismus der drei Physiker alle mit dem *s*-*d*-Übergang zusammenhängende Probleme löst. Ein Triumph der Theorie – insbesondere, weil das c-Quark kein Hirngespinst geblieben ist. Ein Triumph auch, dass die erwartete Renomierbarkeit trotz enormer technischer Schwierigkeit bewiesen werden konnte. Erbracht haben den Beweis die niederländischen Theoretiker Martinus J. G. Veltman (geb. 1931) und sein vormaliger Doktorand Gerardus 't Hooft (geb. 1946, gemeinsamer Physiknobelpreis 1999) mit Hilfe eines von Veltman entwickelten Computerprogramms zur algebraischen Manipulation von Feynman-Diagrammen.

Das Z und die W

Eine der ersten offensichtlichen Fragen an das Standardmodell der Elektroschwachen Wechselwirkung war die nach den neutralen Schwachen Wechselwirkungen, ohne die das Modell nicht auskommt und die es durch die Vertices 4–6 der Abb. 39 beschreibt. Konnte es sein, dass neutrale schwache Prozesse zwar aufgetreten waren, sich der Beobachtung aber entzogen hatten? Wo doch die laut Modell mit Vertex 4 gleichberechtigten geladenen Prozesse des Vertex 10 seit der Entdeckung des β-Zerfalls unübersehbar auftraten? Diese Frage stellten sich selbstverständlich bereits die Autoren des Standardmodells, und sie kamen zu dem Schluss, dass die neutralen Schwachen Wechselwirkungen in allen Experimenten durchaus hätten übersehen werden können. Kehren wir zur Abb.19 und der Bemerkung zurück, dass von allen Neutrinos nur das Elektron-Neutrino ν_e durch Austausch eines geladenen W ein Elektron anstoßen kann. Wohl aber können alle Neutrinoarten durch Austausch des neutralen Z (Abb.19b) Elektronen anstoßen.

Es war dieser Prozess mit μ-Antineutrinos, durch den die neutralen schwachen Wechselwirkungen 1973 zuerst nachgewiesen wurden. Seine Signatur ist im Prinzip einfach: Ein einem $\overline{\nu}_\mu$-Strahl ausgesetzter Detektor weist nach, dass sich in ihm ein Elektron in Bewegung gesetzt hat. Sonst tritt keine mit dem Ereignis in Zusammenhang stehende Spur auf. In der Tat: Das Elektron, das vom $\bar{\nu}_\mu$ angestoßen wird, entstammt dem Detektormaterial und wird erst nach dem Stoß durch seine Bewegung sichtbar; das Neutrino bleibt unsichtbar.

Zahlreiche Experimente haben bald danach diese und weitere Vorhersagen des Standardmodells bestätigt. Zu nennen ist insbesondere die ungefähre Festlegung eines der zentralen Parameter des Modells, des »*Weak Angle*« ϑ_W, den Glashow einführte, und der oft auch Weinbergwinkel genannt wird. Sein Wert legt das Verhältnis der Masse der *W* zu der des *Z* fest – mit dem vorläufigen Ergebnis 80 zu 90; exakt ist es 80,42 zu 91,19. Damit legte die Theorie auch die Massen selbst recht genau als 80 bzw. 90 GeV fest.

Diese Entdeckungen, zusammen mit der des c-Quarks im Jahr 1974, reichten dem Nobelkomitee 1979 zur Vergabe des Preises für das Elektroschwache Standardmodell an Glashow, Salam und Weinberg – obwohl der Beweis der Existenz der *W* und *Z* erst 1983 am CERN durch Carlo Rubbia (geb. 1934, Physiknobelpreis hierfür 1984) nach Lösung gigantischer Probleme vor allem durch Simon van der Meer (geb. 1925, Physiknobelpreis zusammen mit Rubbia) und deren Arbeitsgruppen erbracht werden konnte.

Präzisionsexperimente zur Ermittlung der Eigenschaften der *Z* und *W* wurden erst möglich, als ab 1989 mit der Inbetriebnahme der Elektron-Positron-Collider LEP am CERN und SLC am SLAC die Massenproduktion von *Z* durch den Prozess $e^+e^- \rightarrow Z$ bei dem Energieäquivalent 91 GeV der Masse des *Z* begann, beschrieben durch die Abb. 8c. Zur Paarproduktion der *W*, beschrieben durch die Graphen der Abb. 8h und i mit *T* als *W*, reichte zunächst die Energie keiner der beiden Maschinen aus. Sie wurde erst später durch eine Erhöhung der Energie des LEP ermöglicht. Beide Produktionsprozesse können durch die Theorie in allen Einzelheiten berechnet werden. Die Übereinstimmung zwischen Theorie und Experiment könnte kaum besser sein.

Die Entdeckung des *c*-Quarks

Am spektakulärsten von allen Hinweisen auf die Gültigkeit des Standardmodells war die Entdeckung des charmanten Quarks c. Das c wurde erwartet, gewiss, aber erwartet wurde auch, dass langwierige Detektivarbeit erforderlich sein werde, um klare Hinweise auf seine Existenz zu gewinnen, oder sie zu widerlegen. Diese aber war nicht erforderlich. Der Beweis der Existenz des c musste der Natur nicht abgerungen werden. Nachdem die Mittel zu seiner Entdeckung einmal geschaffen waren, präsentierte es sich den Forschern unübersehbar (Abb. 23).

Selbstverständlich tritt das c als Quark nicht offen auf, sondern eingebaut in ein Teilchen der Starken Wechselwirkung, das J/ψ mit der Masse 3,1 GeV. Es ist das zweitleichteste der aus einem Quark c und seinem Antiquark $\bar{c}$ aufgebauten Teilchen. Da es direkt an ein Photon (Abb. 24a) koppelt, kann es in Elektron-Positron-Kollisionen mit dieser Gesamtenergie ohne Nebenprodukte erzeugt werden – ganz wie das Z bei dessen Energie von 91 GeV. Der Graph mit einem Z anstelle des γ steht ihm auch offen, aber der ist wegen der großen Masse des Z stark unterdrückt. Nun zu den Zerfällen des J/ψ. Unmöglich ist es, dass das J/ψ nach dem Vorbild der Abb. 25 mit c statt s in ein Paar von Mesonen zerfällt, deren jedes ein Quark oder Antiquark enthält. Denn die Summe der Massen der den Kaonen der Abbildung entsprechenden leichtesten Teilchen mit c statt s ist größer als die Masse des J/ψ. Die Langlebigkeit des J/ψ beruht darauf, dass ein solcher Zerfall unmöglich ist. Zerfallen kann das J/ψ, wie es entstanden ist: über ein γ als Zwischenteilchen (Abb. 24b). Als Endzustände treten dann elektrisch geladene Teilchen zusammen mit ihren Antiteilchen auf, wobei die Quark-Antiquark-Paare sich nach dem Vorbild der Abb. 25 zu beobachtbaren Hadronen entwickeln. In Hadronen zerfallen kann das J/ψ aber auch durch mindestens drei Gluonen als Zwischenteilchen (Abb. 24c).

Das ist der bei weitem wahrscheinlichste Zerfall eines J/ψ. Als einzeln auftretendes Teilchen kann es nicht in ein Gluon übergehen, da Gluonen nicht einzeln auftreten können. Der Zerfall über zwei Gluonen als Zwischenteilchen ist aus Gründen verboten, die hier nicht dargestellt werden können. Mindestens also drei Gluonen. Nun ist es zwar unmöglich, die Wahrscheinlichkeiten von über drei Gluonen ablaufende Zerfälle bei der Energie des J/ψ zu berechnen, doch es ist sicher, dass sie als Prozesse der Starken Wechselwirkung über die anderen Zerfallsprozesse, an denen mindestens ein Photon beteiligt ist, dominieren.

Durch Zusammensetzen der Abb. 24a und Abb. 24b entstehen Diagramme, die mit einer Elektron-Positron-Kollision beginnen und über ein J/ψ auf die Endzustände der Abb. 24b führen. Ein solches Diagramm ist das der Abb. 24d. Offenbar können alle diese Prozesse auch ohne das J/ψ als Zwischenteilchen, also durch reinen γ-Austausch, ablaufen. Aber die Langlebigkeit des J/ψ bewirkt, dass Prozesse mit ihm bei seiner Energie um Größenordnungen wahrscheinlicher sind als solche ohne es. Um den Wirkungsquerschnitt der Reaktion $e^+e^- \rightarrow \mu^+\mu^-$ zu berechnen, reicht folglich die Auswertung des Graphen der Abb. 24d bei der Masse des J/ψ aus. Zerfallen kann das J/ψ nach Auskunft der Zweig-Regel (Abb. 25) auch in ein γ und den Grundzustand des $c\bar{c}$-Systems namens η_c, ein Meson mit recht genau der Masse von drei Protonen (Abb. 24e).

Die Entdeckung des J/ψ wurde sofort als Entdeckung des *c*-Quarks gefeiert. Sie ist zugleich – wir fragen nicht nach Tagen – zwei unabhängigen Experimenten gelungen; das eine an der Westküste der USA, in Stanford, das andere an der Ostküste, in Brookhaven. Am Elektron-Positron-Collider SPEAR am SLAC in Stanford, der zur Zeit der Entdeckung des J/ψ etwa 6 GeV Gesamtenergie erreichen konnte, wurde das J/ψ zuerst bei der seiner Masse entsprechenden Energie von etwa 3,1 GeV durch Elektron-Positron-Zusammenstöße erzeugt; nachgewiesen wurde es durch Hadronen als Zerfallsprodukte.

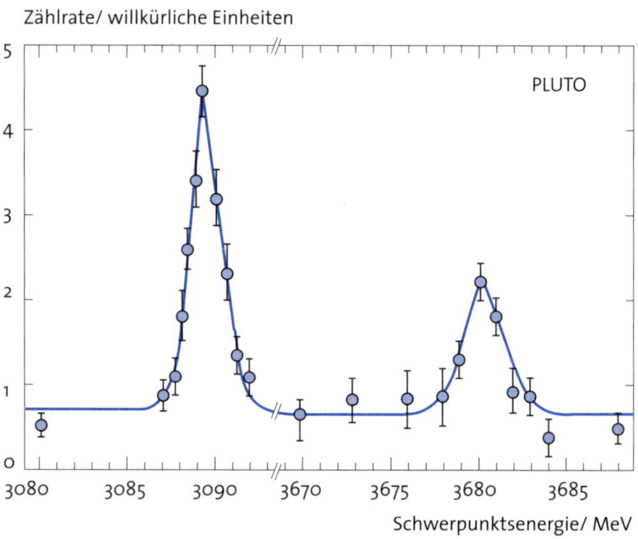

Abb. 23: Wirkungsquerschnitt der Erzeugung von Hadronen in der Elektron-Positron-Vernichtung zwischen 3,08 und 3,9 GeV Gesamtenergie. Die Zerfallsprodukte des J/Ψ häufen sich bei 3,09, die seiner ersten Anregung Ψ' bei 3,68 GeV. Beide Teilchen sind so leicht, dass ihnen kein Zweig-erlaubter Zerfallskanal offensteht.

Die später von der sich PLUTO nennenden Experimentatorengruppe an dem Speicherring DORIS des DESY aufgenommene Kurve der Abb. 23 zeigt in verfeinerter Form den zuerst in Stanford gemessenen Wirkungsquerschnitt für die Erzeugung von Hadronen durch Elektron-Positron-Zusammenstöße im Energiebereich des J/ψ. Die Erhebung in der rechten Hälfte der Kurve der Abb. 23 weist auf einen Anregungszustand des J/ψ namens ψ' hin. Dessen Zerfall in ein J/ψ und zwei geladene π (Abb. 26) verdankt das System der ψ seinen Namen.

Für die Entdeckung des J/ψ ging der Nobelpreis für Physik zu gleichen Teilen an Burton Richter (geb. 1931) und Samuel Chao Chung

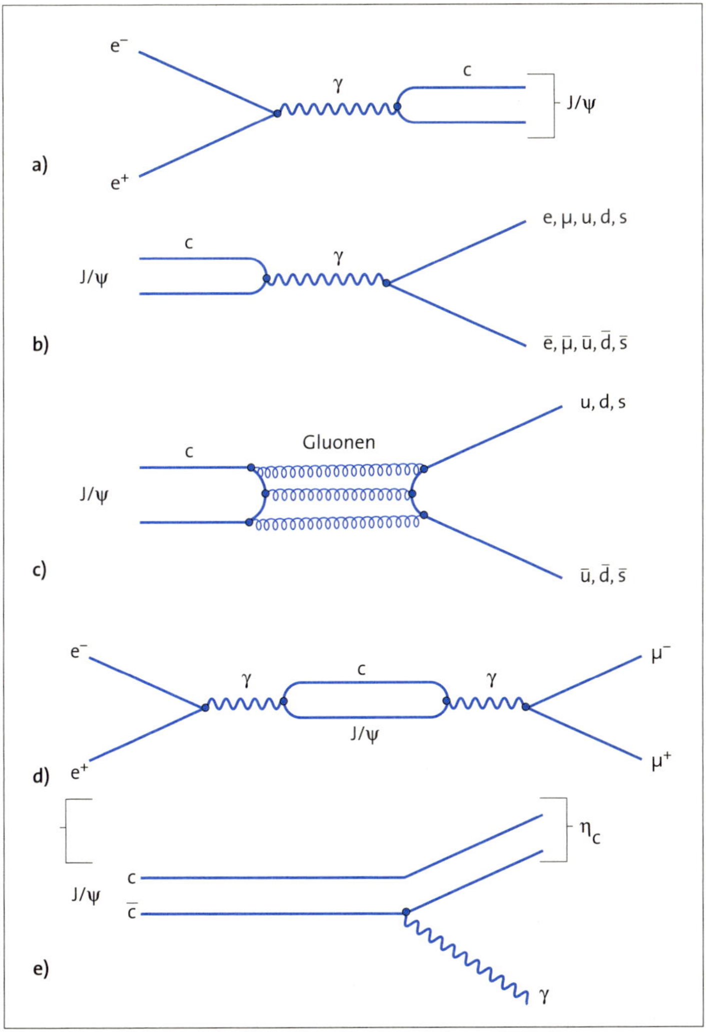

Abb. 24: Diagramme zu Erzeugung und Zerfall des J/ψ in der Elektron-Positron-Vernichtung.

Ting (geb. 1936). Richter war Leiter der Arbeitsgruppe in Stanford. Die Gruppe von Ting untersuchte in Brookhaven Elektron-Positron-Paare, die neben vielem anderen bei dem Beschuss von Beryllium – ein Metall – mit Protonen entstehen. Hier also die Umkehrung der Methode Richters: Produktion des J/ψ – von Ting J genannt – durch Hadron-Reaktionen, nachgewiesen durch Zerfall in ein Elektron-Positron-Paar.

Die Entdeckung der dritten Familie

Wir haben die Teilchenfamilien des Standardmodells mehrfach erwähnt (Abb. 4, S. 9). Zu den beiden ersten (u,d,e,ν_e) und (c,s,μ,ν_μ) ist durch Entdeckungen ab 1975 die Familie (t,b,τ,ν_τ) hinzugetreten. Als erstes Teilchen dieser Familie wurde das τ entdeckt. Und zwar von Martin L. Perl (geb. 1927; Physiknobelpreis hierfür 1995) durch Experimente am SPEAR. Das τ ist ein Lepton wie das Elektron oder das μ, nur schwerer. Das Energieäquivalent seiner Masse ist 1,777 GeV. Also wird es ab dem Doppelten in Elektron-Positron-Vernichtungsreaktionen als $\tau^+\tau^-$-Paar mit berechenbarer Wahrscheinlichkeit erzeugt. Wie das μ in ein Elektron und zwei Neutrinos zerfällt, kann das τ sowohl in ein μ als auch in ein Elektron, jeweils plus zwei Neutrinos, zerfallen. Nutzt das $\tau^+\tau^-$-Paar beide Möglichkeiten, so zerfällt z. B. das τ^+ in ein μ^+, das τ^- in ein e^- als einzige sichtbare Teilchen. Der Detektor ist dann leer bis auf zwei Spuren, von denen die eine von einem Elektron e^-, die andere von einem μ^+ stammt. Spuren sind aber eine Sache, die sie verursachenden Teilchen eine andere. Erst nach einigem Hin und Her konnte gezeigt werden, dass die sich so darbietenden Spuren tatsächlich die eines e und eines μ ohne die eines anderen Teilchens sind. Fehlten noch die beiden Quarks der Familie, vorsorglich schon b-Quark (für *bottom*, Ladung –1/3) und t-Quark (für *top*, Ladung 2/3) genannt. Hinweise auf die Existenz einer vierten Familie von Quarks und Leptonen gibt es nicht.

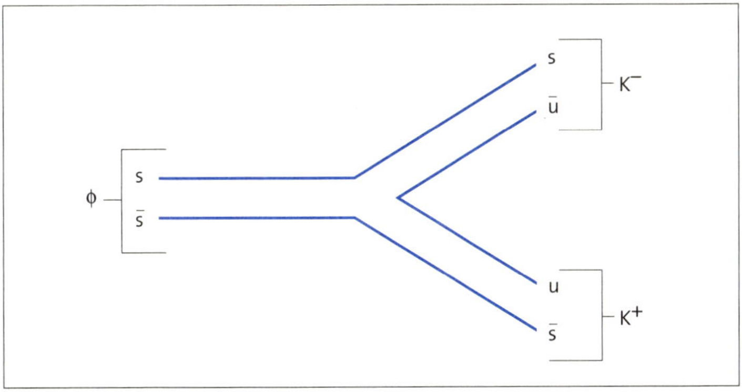

Abb. 25: Prozesse, für die Feynman-Diagramme gezeichnet werden können, welche nach Streichung aller Gluon- und inneren Quark-Linien nicht in separate Diagramme zerfallen, heißen Zweig-erlaubt; die anderen Zweig-verboten. Die Zweig'sche Regel, die besagt, dass die ersten vermöge ihrer Zweig-erlaubten Diagramme mit größerer Wahrscheinlichkeit als die zweiten auftreten, bewährt sich vor allem bei Zerfällen von Mesonen. Die Abbildung zeigt den Zweig-erlaubten Zerfall eines Φ-Mesons in zwei elektrisch geladene K-Mesonen.

Wie das *c*-, wurde auch das *b*-Quark zweimal entdeckt. Zuerst entdeckt wurde das *b*-Quark von Lederman und Mitarbeitern am Fermilab 1977, indem sie Myon-Antimyon-Paare nachwiesen, die beim Auftreffen von Protonen auf ein Target aus Kupfer oder Blei erzeugt werden. Was sie fanden, war eine Überhöhung der Anzahl der Paare bei 9,46 GeV Energie. Als Ursache unterstellten sie die Existenz eines Teilchens Υ – gesprochen Upsilon –, das in Reaktionen von Hadronen entstehen und in Myon-Antimyon-Paare zerfallen kann.

Dass dieses Teilchen aus einem Quark b und dessen Antiquark $\bar{b}$ so aufgebaut sei wie das J/ψ aus c und $\bar{c}$ bot sich sogleich als Interpretation an. Dies insbesonders, weil zwei zusätzliche Quarks erwartet wurden, um die mit dem τ-Lepton begonnene Familie zu komplettieren. Als ab 1978 das Υ und seine Anregungen analog zu Abb. 24 am Speicherring DORIS beim DESY erzeugt werden konnten, ließen sich seine Eigenschaften im Detail ermitteln: Wie das J/ψ aus einem c-Quark und seinem Antiquark aufgebaut ist, so das Y aus einem schwereren Quark mit etwa 4 GeV Energie und dessen Antiquark. Die elektrische Ladung dieses Quarks konnte zu –1/3 bestimmt werden, so dass die Entdeckung eines sechsten Quarks mit der Ladung 2/3 noch ausstand – die Gültigkeit des Standardmodells selbstverständlich vorausgesetzt. Vollendet wurde die Familienzusammenführung 1994 durch den Nachweis des t-Quarks (Abb. 27) am Fermilab bei der Masse 174 GeV – der eines Goldatoms!

Drei Farben

Von den Teilchen der Abb. 7, 10, 11 und 12 sind genau drei aus jeweils denselben drei Quarks aufgebaut: das doppelt positiv geladene Δ^{++} aus drei u-Quarks, das einfach negativ geladene Δ^{-} aus drei d-Quarks und das ebenfalls einfach negativ geladene Ω^{-} aus drei s-Quarks. Als Angehörige desselben Multiplets besitzen die Δ und das Ω denselben Spin. Dieser ist 3/2, so dass jedes der drei Quarks seinen Spin 1/2 voll und ganz zu dem Gesamtspin beisteuern können muss. Dann aber zeigen die Spins in dieselbe Richtung, so dass die drei Quarks durch ihre Spins nicht unterschieden werden können. Unmöglich ist es auch, die drei Quarks durch ihre räumlichen Koordinaten zu unterscheiden. Es befinden sich, anders gesagt, innerhalb der beiden Δ und des Ω jeweils drei u-, d- und s-Quarks in demselben Zustand.

Wenn die Quarks keine weiteren Unterscheidungsmerkmale besitzen, ist das aber im Rahmen einer lokalen Quantenfeldtheorie unmöglich. Denn auf Grund eines Theorems namens »Spin und Statistik«, das mit dem CPT-Theorem eng verwandt ist und unter den selben Voraussetzungen wie dieses bewiesen werden kann, müssen Teilchen mit halbzahligem Spin Fermionen sein; und es ist unmöglich, dass sich zwei – geschweige denn drei – Fermionen in demselben Zustand befinden.

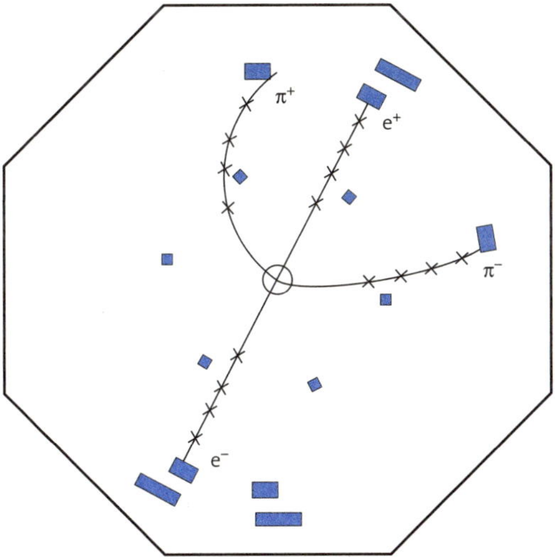

Abb. 26: Spuren des Zerfalls eines ψ' im Detektor: Das ψ' zerfällt zunächst in ein J/ψ und ein $\pi^-\pi^+$-Paar, das J/ψ dann weiter in ein e^-e^+-Paar.

Ein Dilemma also. Von den zahlreichen Vorschlägen es aufzulösen, hat sich der bewährt, den Quarks ein Unterscheidungsmerkmal zuzuweisen, das den Namen Color bekommen sollte. Auch die Eigenschaft eines Quarks, ein *u*-, *d*-, *s*-, dann auch ein *c*-, *b*- oder *t*-Quark zu sein, kann als Unterscheidungsmerkmal von Quarks aufgefasst werden. Dieses Merkmal wird als Flavor, amerikanisch für Geschmack, bezeichnet. Von jedem Quark mit einem bestimmten Flavor soll es hiernach drei verschiedenfarbige Ausprägungen geben: ein rotes, ein gelbes und ein blaues Quark – überflüssig zu sagen, dass die Farbe von Quarks nichts mit der wirklichen Farbe gemein hat. Sie ist schlicht ein Unterscheidungsmerkmal, das drei Werte annehmen kann. Genausowenig hat der Geschmack der Quarks irgendetwas mit einem wirklichen Geschmack zu tun. Analog aber zu den wirklichen Farben ergibt die Mischung der drei Farben der Quarks Farblosigkeit – eine

Eigenschaft, die alle direkt beobachtbaren Objekte besitzen sollen. Farblos aber können nur Objekte mit ganzzahligen elektrischen Ladungen sein. Quarks oder Antiquarks mit ihren Ladungen $\pm 1/3$ und $\pm 2/3$ können es also nicht sein, und können somit auch nicht einzeln auftreten. Auch Gluonen können das nicht: Sie sind zwar elektrisch neutral, aber nicht farblos.

Gibt es drei Ausprägungen des u-Quarks mit verschiedenen Farben, muss und kann das Δ^{++} aus drei unterschiedlich gefärbten Quarks aufgebaut sein. Analoges gilt für die beiden anderen Baryonen, die aus drei d- respektive s-Quarks zusammengesetzt sind.

Gewaltigen Aufschwung hat die Idee der farbigen Quarks durch Vergleiche mit dem Experiment genommen. Einige Vorhersagen der Quarkmodelle mit Farbe unterscheiden sich von denen ohne sie um den Faktor drei. Ein so großer Unterschied ermöglicht in allen Fällen eine eindeutige Entscheidung, die ohne Gegenbeispiel zugunsten der farbigen Quarks ausgefallen ist. Erstens lebt das π^o nach Auskunft der Theorie mit Farbe um den Faktor drei kürzer als ohne sie. Zweitens kann der gesamte Wirkungsquerschnitt der Erzeugung von Hadronen durch gegenseitige Elektron-Positron-Vernichtung bei Energien deutlich unterhalb der Z-Masse von 91 GeV durch Addition der Beiträge der Abb. 8h (S. 21) mit den Quarks u bis t als T gewonnen und berechnet werden. Genauer trägt ein spezielles Quark-Antiquark-Paar erst oberhalb der Energie, die seine Produktion ermöglicht, zum Wirkungsquerschnitt bei. Und zwar ist, da das Paar sich mit der Wahrscheinlichkeit 1 in beobachtbare Hadronen umwandeln muss, der Beitrag eines jeden Quarktyps gemäß der Abb. 8b zum Quadrat seiner elektrischen Ladung e_q proportional. Die Abb. 28 zeigt den gemessenen Wirkungsquerschnitt für die Erzeugung von Hadronen mit dem der Erzeugung eines Lepton-Antilepton-Paares als Einheit. Der Beitrag des τ, das ja auch in Hadronen zerfällt, wurde nicht aufgenommen. Oberhalb von etwa 2 GeV Gesamtenergie hat sich der Beitrag der u-, d- und s-Quarks voll ausgebildet. An den

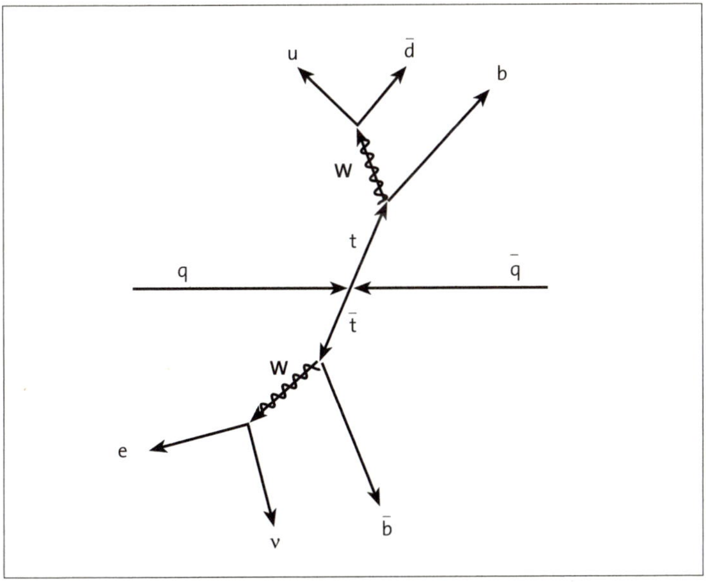

Abb. 27: Reaktion, durch die ein *t*-Quark zusammen mit seinem Antiquark beim Zusammenstoß eines Quarks *q* im Proton mit seinem Antiquark im Antiproton erzeugt und nachgewiesen werden kann – und wurde.

Schwellen der $c\bar{c}$- und $b\bar{b}$-Produktion zwischen 3 und 4 sowie bei 10 GeV schwankt der Wirkungsquerschnitt durch das Auftreten von langlebigen Zuständen, die nach Auskunft der Zweig'schen Regel bei diesen Energien hadronisch nur durch die Vermittlung von drei Gluonen in Hadronen zerfallen können (Abb. 24c). Können bei höheren Energien und in den Zwischenbereichen Zweig-erlaubte Zerfälle und/oder Jets auftreten, zeigt der Wirkungsquerschnitt das aus der Abb. 8h berechenbare Verhalten. Und zwar mit dem Faktor drei, der daraus folgt, dass wegen der drei Farben der Quarks jeder Quarkflavor dreifach beiträgt. Das *t*-Quark mit seiner Masse 174 GeV beginnt bei 350 GeV Gesamtenergie beizutragen.

Die Entdeckung des Gluons

Das Bild hinter dem Bild der Abb. 22a ist das der Abb. 21a (S. 56): Ein Elektron und ein Positron kollidieren und vernichten einander in einer Reaktion, die ein Quark und sein Antiquark erzeugt. Diese fliegen bei großen Energien zunächst ein Stück voneinander fort, um dann in Jets von Teilchen umgewandelt zu werden, die in Detektoren Spuren hinterlassen.

Der Übergang von dem Regime der Feynman-Graphen zu dem der Hadronisierung ist fließend. So kann ein energiereiches Quark vor seiner Umwandlung in einen Jet ein Gluon abstrahlen, das seinen eigenen Jet erzeugt (Abb. 21b). Dies ist das Bild hinter dem Bild der Abb. 22b. Zuerst aufgetreten sind derartige Ereignisse 1979 im Detektor TASSO am Elektron-Positron-Collider PETRA bei der Gesamtenergie 27,4 GeV. Durch sie wurde die Existenz der Gluonen experimentell bewiesen. Genaue Analysen haben gezeigt, dass Gluonen den Spin 1 besitzen. Auch kann durch die Häufigkeit des Auftretens von Drei-Jet-Ereignissen (b) verglichen mit der von Zwei-Jet-Ereignissen (a) die Abhängigkeit der Quark-Gluon-Kopplung (Vertex 7 der Abb. 39) von der Energie bestimmt werden.

DAS STANDARDMODELL DER ELEKTROSCHWACHEN UND STARKEN WECHSELWIRKUNGEN

Das Standardmodell fasst eine Vielzahl theoretischer Einsichten und experimenteller Ergebnisse aus verschiedenen Gebieten der Elementarteilchenphysik konsistent zusammen. Es befindet sich in hervorragender Übereinstimmung mit den Ergebnissen der Präzisionsexperimente, die zu seiner Überprüfung angestellt werden konnten.

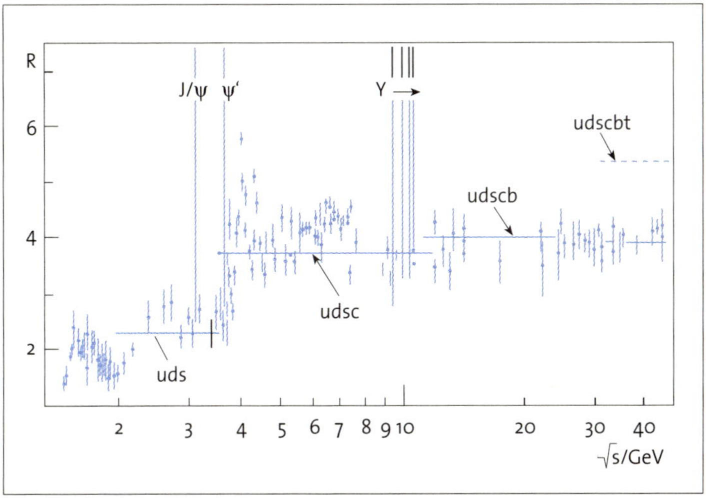

Abb. 28: Auf die Erzeugungsrate eines geladenen Leptonenpaares bezogener Wirkungsquerschnitt für die Produktion von Hadronen in Elektron-Positron-Zusammenstößen als Funktion der Energie. Die Beiträge der jeweils erreichbaren Endzustände sind durch deren mögliche Quarkzusammensetzungen gekennzeichnet.

Insbesondere konnte die Existenz aller Teilchen des Modells mit Ausnahme des Higgs-Bosons experimentell bewiesen werden.

Quantenchromodynamik (QCD)

Die Quantenchromodynamik, zu deutsch Quantenfarbdynamik, kurz QCD, ist die Theorie der Wechselwirkungen von Quarks und Gluonen. Andere Teilchen kennt die Theorie nicht. Deren Auftreten im Standardmodell ist von ihrem Standpunkt aus gesehen eine ebenso triviale wie überflüssige Erweiterung. Dementsprechend gelten ihr alle Flavors gleich: Jedem Quark von *u* bis *t* mit seinem bestimmten Flavor und seinen drei Farben kommt eine eigene QCD zu, die von der QCD der anderen Quarks unabhängig ist.

Hingegen ist das Unterscheidungsmerkmal Farbe der Quarks für die QCD fundamental. Genauer führt die QCD die Farben der Quarks so ein, dass keine vor der anderen ausgezeichnet ist: Bei Vertauschung der Farben der Quarks soll die Theorie in sich selbst übergehen.

Die Farben der Quarks können mit der elektrischen Ladung der Elementarteilchen verglichen werden. Anders aber als diese ist die Farbladung nicht additiv. Die elektrische Ladung eines Protons ist 1, die zweier Protonen 2 und so weiter. Hingegen braucht es die Quantenmechanik, um von der Farbe einer Konfiguration von Quarks auch nur sprechen zu können. Es ist die Symmetrie der Theorie, die es ermöglicht, farblose Zustände von Quarks und Gluonen zu definieren. Eine wichtige Eigenschaft aber teilt die Farbladung mit der elektrischen Ladung: Die Ladung des Antiteilchens eines Teilchens ist der des Teilchens entgegengesetzt. Das bedeutet für Quarks, dass den Antiquarks drei entgegengesetzte Farben zukommen: anti-rot, anti-blau und anti-grün. Farblos ist die Konfiguration eines Quarks und seines Antiquarks für sich allein aber nicht. Ihre Entstehung aus – sagen wir – rot und anti-rot kann ihr angemerkt werden. Erst wenn (rot *und* anti-rot) mit (grün *und* anti-grün) und (blau *und* anti-blau) im Sinn der Quantenmechanik gleichberechtigt kombiniert werden, entsteht eine insgesamt farblose Konfiguration.

Ihre Austauschteilchen, die Gluonen, führt die Theorie so ein, dass sie insgesamt symmetrisch ist. Das könnte so geschehen, dass die Quarks die einzigen Teilchen mit Farbe sind. Interessanter und folgenreicher ist es aber, auch den Gluonen Farbe zuzuschreiben. Dann können die beiden Quarks C des Vertex 7 der Abb. 39 nicht dieselbe Farbe besitzen. Denn sonst ginge die Farbe des Gluons durch seine Kopplung an die Quarks verloren – in Analogie zu einem Prozess der QED, der die elektrische Ladung ändern würde.

Sagen wir, das eine C ist ein rotes u-Quark, das andere ein grünes. Die Flavors der beiden C sind dieselben, weil sonst die Gluonen Flavor tragen müssten, was die triviale Unabhängigkeit der QCD von den Flavors der, und nur der Quarks zerstören würde. Den Vertex können wir nun so interpretieren, dass das Gluon erstens die Ladung rot kompensiert und zweitens die Ladung grün beiträgt, seine Farbladung insgesamt also durch (anti-rot *und* grün) charakterisiert werden kann.

Aufgrund dieser Überlegung sollte es neun verschiedenfarbige Gluonen geben. Tatsächlich gibt es nur acht, denn sonst könnte, wie beschrieben, aus drei von ihnen ein insgesamt farbloses Gluon konstruiert werden. Die dem hypothetischen farblosem Gluon entsprechende Farbkombination kann aufgrund der Color-Symmetrie abgetrennt werden, so dass es in der Theorie nicht auftreten muss – und tatsächlich nicht auftritt.

Sieht man von den Komplikationen durch die Farben der Quarks und Gluonen ab, gleichen die Quark-Gluon-Vertices der QCD dem Vertex der QED. Denn beide Theorien beruhen auf demselben Prinzip, der lokalen Eichsymmetrie. Sie erfordert masselose Teilchen und lässt Renormierbarkeit erwarten. Anders als die *W* und *Z* sind die Gluonen und das Photon tatsächlich masselos. Die Quarks bekommen ihre Masse durch den Higgs-Mechanismus, der aber nicht der QCD, sondern den Elektroschwachen Wechselwirkungen zuzurechnen ist.

Insofern gibt es also keine Komplikationen der QCD verglichen mit der QED. In der QCD aber treten, anders als in der QED, Vertices auf, welche die Austauschteilchen direkt aneinander koppeln. Es sind Besonderheiten der lokalen Farb-Symmetrie der QCD verglichen mit der Symmetrie der QED, die das Auftreten jener Vertices 8 und 9 der Abb. 39 erzwingen. Die Selbstwechselwirkung der Gluonen findet ihren Ausdruck darin, dass diese selbst Träger der Ladungen sind, an die sie vermöge des Vertex 7 koppeln. Photonen aber sind elektrisch neutral, koppeln also nicht direkt aneinander. Es sind diese Unterschiede der Kopplungen, auf denen jene von QED und QCD rechnerisch beruhen.

Quantenflavordynamik (QFD)

Quantenflavordynamik, kurz QFD, ist der zu QCD und QED analoge Name der Theorie der Elektroschwachen Wechselwirkungen des Standardmodells. Wie die QCD von den Flavors ihrer Teilchen unabhängig ist, so die QFD von deren Farben – soweit die Teilchen jeweils überhaupt Flavor oder Farbe tragen.

Die Wechselwirkungen von Quarks und Leptonen durch den Austausch der W, Z und γ wurden bereits beschrieben. Es bleibt, die direkten Wechselwirkungen der Austauschteilchen miteinander in Augenschein zu nehmen. Wie die QCD und die QED, die in der QFD aufgegangen ist, beruht auch die QFD auf der lokalen Form einer Symmetrie. Sie bewirkt, dass die Austauschteilchen der QFD eine Selbstwechselwirkung besitzen, die, wie Vergleich der Vertices 2, 3, 5 und 6 mit den Vertices 8 und 9 zeigt, durch dieselben Graphen wie die Selbstwechselwirkung der Gluonen beschrieben werden kann. Allerdings besitzt die QFD bereits in ihrer einfachsten Form zwei unabhängige Kopplungskonstanten, als die wir den Betrag e der elektrischen Ladung des Elektrons und die Kopplung g der Leptonen an die W gewählt haben. Wenn also gesagt wird, die Theorie der Elektroschwachen Wechselwirkung vereinige die Elektromagnetische und die Schwache Wechselwirkung, so ist das nicht ganz richtig; sie mischt sie, genauer gesagt.

Ein Meilenstein auf dem Weg zum Standardmodell war die Einsicht, wie die lokale Symmetrie gebrochen werden kann, ohne die Renormierbarkeit der Theorie zu beschädigen. Genauer sollten wir sagen, dass die Symmetrie der Theorie nicht gebrochen, sondern verborgen wird. Vor der so genannten Symmetriebrechung durch den Higgs-Mechanismus besitzt keines der Teilchen der Theorie eine von Null verschiedene Masse. Die Brechung muss nun so erfolgen, dass das Teilchen, welches an die elektrischen Ladungen koppelt, also das Photon, seine Masse Null behält. Es ist diese Forderung, die W festlegt. Dass das Photon die Masse Null besitzt, ist einer der am besten bestätigten Sachverhalte der Physik.

Drei Familien und die Verletzung von CP

Unsere Welt ist aus Teilchen der ersten Familie aufgebaut. Zusammengehalten wird sie durch die Elektromagnetische und die Starke Wechselwirkung, also durch Photonen und Gluonen, die keiner Familie angehören. Auch das immer noch hypothetische Higgs-Teilchen, dem die Teilchen ihre Masse verdanken, gehört keiner Familie an. Atomkerne bestehen letztlich aus u- und d-Quarks, bei den Atomen kommen Elektronen hinzu. Auch die Neutrinos, Antineutrinos und Positronen, die bei radioaktiven Zerfällen und Kernreaktionen, beispielsweise in der Sonne, auftreten, gehören der ersten Familie mitsamt ihren Antiteilchen an. Teilchen der zweiten und dritten Familie treten nur in Reaktionen von Teilchen der ersten Familie bei hohen Energien auf und zerfallen mit Ausnahme der Neutrinos alsbald wieder in ebendiese Teilchen.

Überhaupt spielen die Neutrinos eine Sonderrolle. Sieht man aber von ihnen und der Erzeugung instabiler Teilchen bei hohen Energien ab, sind es allein die Teilchen der ersten Familie, die unsere Welt ausmachen. Diese benötigt die anderen Teilchen auf keine Art und Weise, um zu existieren. Eine Welt, in der das Standardmodell mit nur einer Familie uneingeschränkt gälte, wäre genauso existenzfähig wie die wirkliche Welt mit ihren drei möglichen Familien und würde sich von ihr nur unwesentlich unterscheiden.

Wenn wir aber fragen, ob eine solche Welt hätte *entstehen* können, ist die Antwort ein emphatisches Nein. Die Welt, so die gängige Weisheit, ist in einem Urknall entstanden, der gleich viele Teilchen wie Antiteilchen hervorgebracht hat: Die Zahl aller Teilchen, vermindert um die Zahl aller Antiteilchen war unmittelbar nach dem Urknall Null. Bei hohen Temperaturen – so hoch, dass die Energie der

Zusammenstöße zu ihrer paarweisen Erzeugung ausreicht – entstehen und vergehen Teilchen und Antiteilchen ohne Unterlass in einem Gebrodel aus Strahlung. Sinkt die Temperatur des Universums durch Expansion entgegen der Schwerkraft auf Werte ab, bei denen Teilchen-Antiteilchen-Paare durch Zusammenstöße nicht mehr erzeugt werden können, gewinnt die gegenseitige Vernichtung die Überhand bis am Ende nur Strahlung übrig bleibt.

Es war der russische Physiker Andrei Sacharow (1921–1989, Friedensnobelpreis 1975), der die Voraussetzungen dieser Schlüsse mit ihrem offensichtlich falschen Ergebnis als Erster genau analysiert hat. Offensichtlich falsch ist das Ergebnis, weil unsere Welt nahezu nur aus Materie statt gleich viel Materie wie Antimaterie besteht. Dies wissen wir, weil sonst aus Grenzregionen die charakteristische Strahlung der gegenseitigen Vernichtung von Materie und Antimaterie – Elektronen und Positronen zum Beispiel – auf der Erde ankommen müsste, was nicht beobachtet wird. Der Mond kann nicht aus Antimaterie bestehen, weil sonst die Astronauten bei ihrer Ankunft dort in einer gewaltigen Explosion untergegangen wären. Bestünde die Sonne, und mit ihr der Sonnenwind, der ständige Strom geladener Teilchen von der Sonne, aus Antiteilchen, würden diese auf dem Mond charakteristische Spuren hinterlassen haben – und so weiter über Planeten bis zu kollidierenden Galaxien. Gäbe es Antiwelten, müssten Atomkerne aus Antimaterie in der Kosmischen Strahlung auftreten, was ebenfalls nicht beobachtet wird. Im Prinzip ist es möglich, dass sich Materie und Antimaterie entmischt haben und es außerhalb des beobachtbaren Universums Welten aus Antimaterie gibt. Aber niemand hat eine Idee, wie eine solche Entmischung hätte stattfinden können.

Entweder war also bereits der Urknall asymmetrisch, oder die obigen Schlüsse beruhen auf Voraussetzungen, die nicht zutreffen. Die Schlussfolgerung der vollständigen gegenseitigen Vernichtung von Materie und Antimaterie kann, wie Sacharow gesehen hat, vermieden werden, wenn vier der Voraussetzungen, welche die Schlüsse ungenannt unterstellen, falsch sind. Keinen Ausweg für sich allein bietet erstens die Zurückweisung der tatsächlich falschen Unterstellung, dass die Naturgesetze bei der Vertauschung C von Teilchen und Antiteilchen dieselben bleiben. Zwar können bei einer C-Verletzung Prozesse auftreten, welche die Differenz der Teilchen- und Antiteilchenzahlen ändern. Gilt zweitens aber CP, so kann insgesamt keine Änderung auftreten. Zur Erläuterung wollen wir annehmen, das frühe Universum habe nur aus Teilchen bestanden, die durch C in sich selbst überführt werden. Das C verletzende Naturgesetz besage nun, dass ein jedes dieser Teilchen in ein Elektron und ein Proton mit gewissen Geschwindigkeiten und Spineinstellungen zerfallen kann. Durch C entsteht hieraus der Zerfall derselben Teilchen in jeweils ein Positron und ein Antiproton, wobei die Geschwindigkeiten und Spineinstellungen der beteiligten Teilchen dieselben bleiben. Das sei ein Zerfall, den das angenommene Naturgesetz verbietet, so dass er nicht auftritt. Das Naturgesetz respektiere nun aber CP. Dann tritt mit dem ursprünglichen Zerfall jener gleich häufig auf, bei dem zusätzlich zu der Vertauschung von Teilchen und Antiteilchen – aus dem Elektron wird ein Positron, aus dem Proton ein Antiproton und das zerfallende Teilchen bleibt dasselbe – die Geschwindigkeiten der beteiligten Teilchen umgekehrt und die Spineinstellungen unverändert gelassen werden. Denn das ist die Wirkung von P. Die Geschwindigkeiten und Spineinstellungen aber spielen für die Bilanz von Teilchen- und Antiteilchenzahlen keine Rolle, so dass CP-Symmetrie auch bei Verletzung von C das Auftreten eines Teilchenüberschusses verbietet. Die Unterschiede der Geschwindigkeiten und Spineinstellungen von Teilchen und Antiteilchen haben bei dem thermischen Kuddelmuddel im frühen Universum selbstverständlich keinen Bestand, so dass sich bei CP-Symmetrie auch ohne C-Symmetrie der Naturgesetze alsbald wieder ein im Mittel sowohl C-, als auch P- und CP-symmetrischer Zustand einstellen würde.

Das Hervorgehen unserer Welt aus dem ursprünglichen Zustand erfordert also, dass die Naturgesetze weder C- noch CP-symmetrisch sind. Erforderlich ist drittens auch, dass die Verletzungen von C und CP die Zahl der Quarks auf Kosten der Zahl der Antiquarks vermehren, so dass sich ein Überschuss von Baryonen über Antibaryonen ausbilden kann und am Ende nur Baryonen übrig bleiben. Sacharows vierte Bedingung schließt Thermisches Gleichgewicht aus.

Entdeckt wurde die Verletzung der CP-Symmetrie durch 1964 weit vor der Entwicklung des Standardmodells. In einer bemerkenswerten Arbeit von 1973 haben die japanischen theoretischen Physiker M. Kobayashi und T. Maskawa die erfolgreiche Beschreibung der Schwachen Zerfälle mit Hilfe des von Cabibbo eingeführten, nach ihm benannten Winkels ϑ_C von den damals bekannten drei Quarks auf sechs Quarks erweitert und festgestellt, dass zumindest diese Anzahl von Quarks erforderlich ist, um CP-Symmetrie verletzende Zerfälle als Prozesse der Schwachen Wechselwirkung zu erhalten.

Diese Arbeit hätte zu einem Meilenstein des Weges zum Standardmodell werden können, wäre sie nur beachtet worden. Das wurde sie nicht, weil bereits die Idee der Quarks als reale Bausteine zerfallender Elementarteilchen zumindest bis zur Novemberrevolution von 1974 als spekulativ verschrieen war. Außerdem kannte man bis dahin nur die drei Quarks u, d und s; die Idee, dass doppelt so viele existieren könnten, erschien als gar zu verwegen. Wie auch immer – es sollte sich zeigen, dass die Vorstellungen von Kobayashi und Maskawa prophetisch statt einfach nur spekulativ waren.

Die von diesen Autoren vorgenommene Erweiterung der Beschreibung der Schwachen Wechselwirkungen der Quarks durch den Cabibbo-Winkel ϑ_C bestand in der Einführung einer Matrix, die heute CKM-Matrix heißt und die im Prinzip nur eine Liste der neun Kopplungskonstanten ist, die den neun überhaupt möglichen Übergängen *ud, cs, tb, us, ts, cd, cb, ub, td* von einem Quark mit der Ladung 2/3 zu einem Quark mit der Ladung −1/3 durch Kopplung an ein *W*

zukommen (Vertices 10 der Abb. 39; die Kopplungen mit einem Stern sind etwa um den Faktor 20, die mit zwei Sternen um den Faktor 400 schwächer als die andern). Aus theoretischen Gründen können die neun Kopplungen durch vier Parameter ausgedrückt werden, deren einer der Cabibbo-Winkel ist. Die analoge Liste für nur zwei Familien besitzt nur einen Parameter, eben ϑ_C, und erlaubt keine Übergänge, welche die CP-Symmetrie verletzen. Diese treten dann und nur dann auf, wenn eine der Kopplungskonstanten eine komplexe Zahl ist, und das ist erst ab drei Familien möglich.
In dem System der neutralen K-Mesonen, in dem die Verletzung der CP-Symmetrie durch die Naturgesetze zuerst beobachtet wurde, erlaubt die Schwache Wechselwirkung zwei wesentlich verschiedene Formen von CP-verletzenden Zerfällen. Die eine hat mit der die CP-Symmetrie offenbar verletzenden Möglichkeit zu tun, dass sich das neutrale K-Meson K^0 und sein Antiteilchen $\bar{K}^0$ ineinander umwandeln. Ob die andere Form der Verletzung überhaupt auftritt, war lange umstritten. Nach einigem Hin und Her hat 2001 ein Experiment namens NA 48 am CERN die Existenz dieser Form des Zerfalls nachgewiesen und den zugehörigen Parameter der *CKM*-Matrix bestimmt.

Dass erst ab drei Familien eine Verletzung der CP-Symmetrie auftreten kann, muss offenbar bedeuten, dass die zugehörigen Feynman-Graphen des Standardmodells auch das t- und/oder das b-Quark enthalten. Das ist tatsächlich so; die Abb. 29 zeigt einen zu dem Übergang eines K^0 in sein Antiteilchen $\bar{K}^0$ beitragenden Graph mit internem t. Durch Ersetzen des s durch ein b entsteht ein Graph, der ebenfalls Übergänge von Mesonen in ihre Antiteilchen beschreibt, nun aber von B-Mesonen (so heißen Mesonen, die ein b oder $\bar{b}$, nicht aber beide, enthalten). Die bereits erworbenen Kenntnisse der *CKM*-Matrix, zusammen mit den Massen der Quarks, ließen erwarten, dass bei B-Zerfällen mehr CP-Verletzungen auftreten als bei K-Zerfällen. Diese Erwartung hat zu dem Bau von zwei Beschleunigern geführt, die B^0-Mesonen und ihre Antiteilchen $\bar{B}^0$ zusammen massenhaft erzeugen können. Das B^0-Meson ist aus einem d und einem $\bar{b}$ aufgebaut wie das K^0 aus einem d und einem $\bar{s}$; die Antiteilchen entsprechend aus b und $\bar{d}$ sowie s und $\bar{d}$.

Die Masse des B^0 (und damit auch des $\bar{B}^0$) entspricht 5,28 GeV, so dass sie paarweise optimal in Elektron-Positron-Collidern mit dem Doppelten dieser Energie erzeugt werden können. Dies ist denn auch etwa die Gesamtenergie, mit der die beiden zum Zweck des Nachweises der CP-Verletzung im B-System erbauten, hierfür auch anderweitig optimierten »asymmetrischen« Beschleuniger Elektronen und Positronen aufeinanderprallen lassen. Der eine der beiden Beschleuniger wurde am Institut KEK in Japan gebaut, der andere am SLAC in Stanford. Sie heißen zu Recht B-Fabriken. So hat der Beschleuniger des SLAC in 18 Monaten 100 Millionen $B^0\bar{B}^0$-Paare erzeugt.

Nachgewiesen wurden deren Zerfallsprodukte durch Detektoren namens Belle am KEK und BaBar am SLAC. Die Resultate beider Experimente stimmen miteinander und mit der Vorhersage des Standardmodells innerhalb recht enger Fehlergrenzen überein. Ein Triumph des Standardmodells also – der zugleich aber zeigt, dass dieses den Überschuss von Materie über Antimaterie im Universum nicht zu erklären vermag. Denn der Effekt, den es vorhersagt, liefert einen um den Faktor 10^9 zu kleinen Überschuss. Absolut genommen ist bereits der beobachtete Überschuss winzig; nur ein Elektron von jeweils 10^9 hat die gegenseitige Vernichtung von Elektronen und Positronen in Photonen im frühen Universum überstanden. Dementsprechend enthält das Universum heute pro Proton oder Elektron 10^9 Photonen. Laut CP-Verletzung im Standardmodell sollte es mindestens 10^{18} Photonen für jedes Proton oder Elektron im Universum geben. Wir stehen vor einem Rätsel, das ohne Effekte außerhalb des Standardmodells wohl nicht aufgelöst werden kann. Eine Möglichkeit ist der Beitrag von Leptonen, insbesondere Neutrinos zur CP-Verletzung.

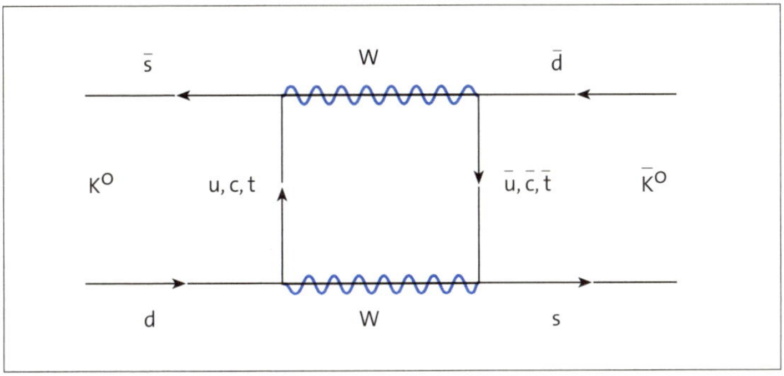

Abb. 29: Diagramm zur Umwandlung eines K^0 in sein Antiteilchen (Abb. 15).

Laufende Kopplungen

Die Physik weiß, dass es keinen im Wortsinn leeren Raum geben kann. Unabwendbar und unablässig entsteht und vergeht in dem Raum alles, was mit den Naturgesetzen vereinbar ist; zum Beispiel Elektronen und Positronen in Paaren. In Paaren deshalb, weil auch für die **Vakuumfluktuationen** die Ladungserhaltung gilt. Die Fluktuationen sind aufgrund der Quantenmechanik und der Speziellen Relativitätstheorie unvermeidlich. Wegen der Unschärferelation zwischen Energie und Zeit fluktuiert die Energie, und zwar umso mehr, je kürzer die betrachtete Zeitspanne ist. Das Vakuum verleiht, so wird gern gesagt, Energie – viel für kurze, wenig für lange Zeit. Die Unschärferelation zwischen Ort und Impuls bewirkt, dass auch der Impuls fluktuiert, und zwar umso stärker, je kleiner das betrachtete Gebiet ist. Die Relativitätstheorie kommt herein wegen des Zusammenhanges von Energie, Impuls und Masse, den sie impliziert. Die elektrische Gesamtladung kann mangels einer Größe, die zusammen mit ihr eine Unschärferelation erfüllte, nicht fluktuieren. S. 114

Je kleiner die Masse eines Objekts ist, desto weniger Energie ist für sein Auftreten in einer Vakuumfluktuation erforderlich. Folglich treten Teilchen mit kleiner Masse häufiger auf als Teilchen mit großer

Masse, und ihr Auftritt dauert länger. Wenn wir nun etwa ein Proton mit seiner positiven elektrischen Ladung in das Vakuum einbringen, stößt diese die positiven virtuellen Ladungen des Vakuums ab und zieht die negativen an, so dass sich in der Nähe der eingebrachten Ladung eine Ladungskonfiguration ausbilden wird, wie sie stark vereinfacht und symmetrisch eingefroren die Abb. 30 zeigt. Weil Elektronen und Positronen die elektrisch geladenen Teilchen mit der bei weitem kleinsten Masse sind, überwiegt ihr Beitrag zur elektromagnetischen Vakuumpolarisation den aller anderen Teilchen: Sie treten nicht nur am häufigsten in Fluktuationen auf und leben in ihnen am längsten, sondern ihre Bewegung ist auch der Beschleunigung durch die eingebrachte Ladung am stärksten unterworfen. Die Masse des zweitleichtesten elektrisch geladenen Teilchens, des μ, ist um den Faktor 200 größer als die des Elektrons.

Die Ladungsverteilung der Abb. 30 impliziert, dass sich innerhalb einer Kugelschale um die zentrale positive Ladung im Mittel mehr negative als positive Ladungen befinden, und dass der Überschuss der negativen mit steigendem Abstand zunimmt: Die virtuellen Ladungen schirmen die zentrale Ladung ab. Was wir landläufig die Ladung des Protons nennen und in das Coulomb'sche Gesetz für die Anziehung oder Abstoßung zweier Ladungen eintragen, ist die vollständig abgeschirmte Ladung in der Entfernung ›unendlich‹. Damit diese endlich sei, muss der »nackten« Ladung ohne Abschirmung, die als Parameter der ursprünglichen Theorie auftritt, der Wert ›unendlich‹ zugeschrieben werden. Renormierung heißt das bereits erwähnte Verfahren, durch welches das geschieht.

Das Abnehmen der Abschirmung bei Annäherung an die zentrale Ladung wirkt sich z. B. auf die Streuung von Elektronen an Protonen aus. Gäbe es die virtuellen Paare von Elektronen und Positronen nicht, müsste nur der Austausch von Photonen bei der Berechnung elektromagnetischer Wechselwirkungen durch Feynman-Graphen berücksichtigt werden. Die Abb. 5b mit einem Proton als T^+ zeigt den

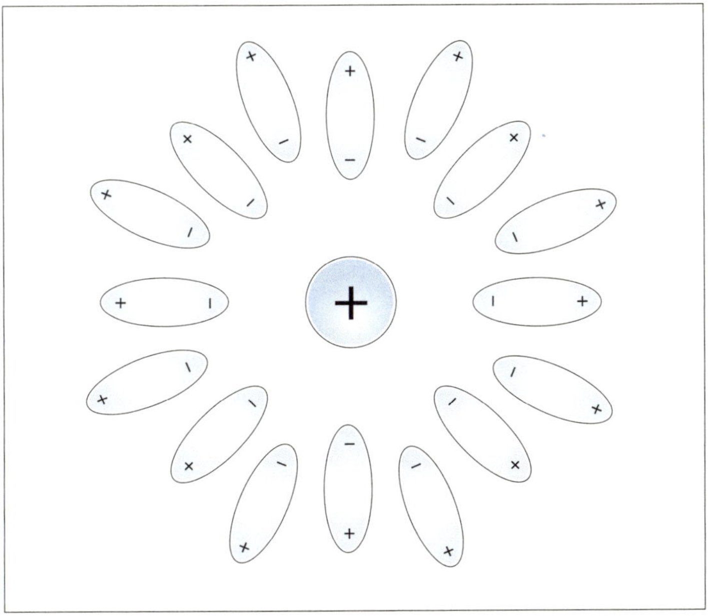

Abb. 30: Verteilung virtueller Ladungen um eine eingebrachte positive herum.

wichtigsten zur Streuung beitragenden derartigen Graphen. Werden in dessen Beitrag zum Wirkungsquerschnitt der Streuung als Ladungen des Protons und Elektrons die Werte des Coulomb'schen Gesetzes eingetragen, gibt die so entstehende Formel den Wirkungsquerschnitt bis zu jenen Energien und Ablenkungswinkeln richtig wieder, ab denen das Elektron dem Proton so nahe kommt, dass individuelle virtuelle Ladungen aus dem Rauschen aller hervorzutreten und durch Photonenaustausch mit dem Elektron und dem Proton wechselzuwirken beginnen. Wir können auch sagen, dass Elektron und Proton einander so nahe kommen, dass sie die mit abnehmendem Abstand anwachsende Ladung des jeweils anderen zu spüren beginnen. Alsdann müssen auch die Feynman-Graphen mit den virtuellen

Elektron-Positron-Paaren berücksichtigt werden. Ein Beispiel zeigt die Abb. 5d. Wir halten fest, dass wegen der Polarisation des Vakuums in Abb. 30 die Stärke der Wechselwirkung zweier elektrisch geladener Teilchen mit *ab*nehmendem Abstand, also wachsender Energie, zunimmt.

Insgesamt zeigen zahlreiche, experimentell triumphal bestätigte Ergebnisse der Berechnung von Feynman-Graphen, dass die Beiträge *aller* Teilchen einbezogen werden müssen, die im Vakuum fluktuieren und den jeweiligen Prozess direkt oder indirekt beeinflussen können. Die magnetischen Momente von Elektron und μ bilden die prominentesten Beispiele. Auch die Photonen der inneren Linien von Feynman-Diagrammen wie den in Abb. 5 können als fluktuierende Teilchen aufgefasst werden. Wegen ihrer Masse Null treten Photonen besonders häufig und lange in Vakuumfluktuationen auf. Indem sie mit den eingebrachten reellen Teilchen und den geladenen virtueller Paare wechselwirken, werden Photonen im Vakuum sowohl absorbiert als auch neu erzeugt.

Der Einfluss der virtuellen Ladungspaare in der QED kann so zusammengefasst werden, dass sie den fundamentalen Vertex der elektromagnetischen Wechselwirkung der Abb. 8a (S. 21) abändern. Aufsummiert ergeben die Beiträge der virtuellen Ladungspaare eine mit der Energie ansteigende effektive Kopplung, wie sie die gestrichelte Kurve $1/\alpha_1$ der Abb. 20 (S. 53) im Rahmen des Elektroschwachen Standardmodells durch den Kehrwert der Kopplung ins Quadrat genommen darstellt. Abnahme des Abstands ist wegen der Unschärferelation mit Zunahme der Energie gleichbedeutend, so dass die elektromagnetische Wechselwirkung bei kleinen Abständen stärker ist als bei großen.

Die wohl bedeutendste theoretische Entdeckung im Rahmen des Standardmodells ist die des Jahres 1973 von David Gross, Frank Wilczek und David Politzer, dass Austauschteilchen mit Spin 1, die wie die *W*, *Z* und Gluonen gemäß den Vertices 5 und 6 oder 8 und 9 der

Abb. 39 innerhalb einer lokal eichsymmetrischen Theorie miteinander wechselwirken, auf effektive Kopplungen führen können, die mit dem Abstand abnehmen. Berechnungen – durch Feynman-Graphen – zeigen, genauer gesagt, dass die den »nackten« Kopplungen der Abb. 39 im Sinn der Abb. 31 zugeordneten »angezogenen« effektiven Kopplungen in der QFD mit abnehmendem Abstand (also wachsender Energie) ansteigen, die der QCD hingegen abnehmen (die Abb. 20 stellt die Kehrwerte der Quadrate der Kopplungen dar).

Grundlage der Abweichung des Verhaltens der effektiven Ladungen der QFD und QCD von dem der effektiven elektrischen Ladung der QED ist, dass die Austauschteilchen der QFD und QCD selbst die Ladungen tragen, an denen sie angreifen, das Austauschteilchen γ der QED aber nicht. Wir wollen uns weiterhin auf die QCD beschränken. Asymptotische Freiheit heißt das bei ihr zu beobachtende Phänomen der Abnahme der effektiven Kopplung mit zunehmender Energie. Letztlich besteht der Beweis der Asymptotischen Freiheit der QCD in der Summation aller Graphen, die zu den im Sinn der Abb. 31 effektiven, den Vertices 7–9 der Abb. 39 entsprechenden Kopplungen beitragen. Ob Asymptotische Freiheit auftritt, hängt bei den vorgegebenen drei Farben und acht Gluonen von der Anzahl der Quarks mit verschiedenen Flavors ab, welche die Theorie enthält: Sind es mehr als 16 Flavors, kann Asymptotische Freiheit nicht auftreten. Tatsächlich sind es sechs, und Asymptotische Freiheit tritt auf. Experimentell nahegelegt und überprüft wurde die Asymptotische Freiheit insbesondere durch »tiefinelastische« **Lepton-Hadron-Streuprozesse**. S. 104

Ursache des Laufens der effektiven Kopplung ist, wie in der reinen QED, die Struktur des Vakuums. Im Vakuum der QED treten elektrisch neutrale Photonen neben elektrisch geladenen Teilchen, vornehmlich Elektron-Positron-Paaren auf. An die Stelle der elektrischen Ladung treten in der QCD die Farbladungen. Wie die Photonen des Vakuums an eingebrachte elektrische Ladungen koppeln, so die Gluonen an die Farbladungen eingebrachter Quarks. Die elektrische Neutralität der Photonen ermöglicht es, dass eine in das Vakuum eingebrachte elektrische Ladung in einem Volumen konzentriert ist, das wir uns beliebig klein denken können. Anders in der QCD: Gluonen des Vakuums, die an ein eingebrachtes Quark koppeln, verteilen dessen Farbladung vermöge ihrer eigenen im Raum. Vor allem hierauf beruht die Asymptotische Freiheit. Denn die Verteilung einer Ladung bewirkt, dass sie in größerer Nähe zu ihrem Zentrum geringer ist. Sogar der Extremfall – im Mittelpunkt der Ladungswolke ist keine Ladung mehr vorhanden – ist denkbar.

Analog zur QED fluktuieren auch farbneutrale Konfigurationen im Raum. Weil sie sich wie in der Abb. 30 anordnen, beeinflussen auch sie die effektive Farbladung des eingebrachten Quarks. Fluktuationen mit ihnen können sogar das Abnehmen der effektiven Ladung bei kleiner werdendem Abstand verhindern – zwei widerstreitende Effekte also. Rechnerisch ergibt sich die bereits erwähnte Obergrenze von 16 verschiedenen Quarkflavors, bei denen Asymptotische Freiheit auftreten kann. Welchen Einfluss die Vakuumpolarisation auf die Abschirmung der Ladung weit draußen hat, ist für die Asymptotische Freiheit irrelevant. Für sie zählt allein die Ladung in der Nähe des Zentrums. Wenn wir in Gedanken das Zentrum in eine Kugel mit ihm als Mittelpunkt einschließen, wird die in der Kugel befindliche Ladung innerhalb der Ladungswolke mit deren Radius geringer. Nun betrachten wir die Streuung zweier Quarks oder eines Quarks und eines Antiquarks aneinander. Kommen sie sich bei niedrigen Energien nicht nahe, gleicht der Streuprozess eher einem mit Störungstheorie nicht berechenbaren Zusammenstoß zweier Wolken mit kontinuierlichen Ladungsverteilungen als dem Aufeinanderprallen von zwei harten Zentren. Große Ablenkungswinkel kann es, wie schon Rutherford wusste, dann nicht geben. Ist die Energie größer, können die Ladungszentren einander so nahe kommen, dass harte Stöße auftreten. Deren Häufigkeit in Abhängigkeit von den Parame-

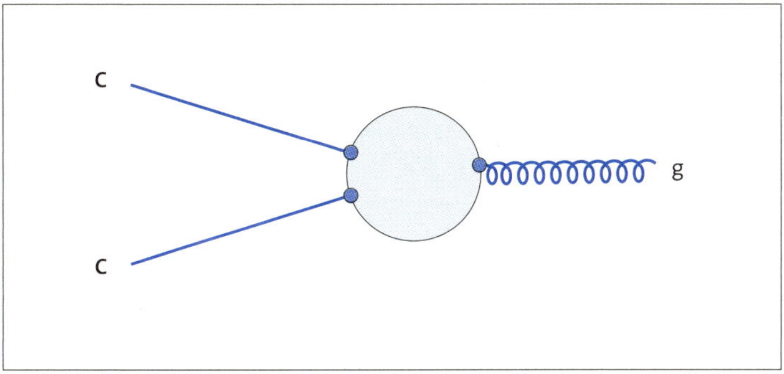

Abb. 31: Der »angezogene« Vertex der QCD entsteht durch Summation der Beiträge aller internen Linien, die einzutragen möglich ist – beginnend mit dem »nackten« Vertex 7 der Abb. 39.

tern der Prozesse kann durch Feynman-Graphen berechnet werden. Es stellt sich heraus, dass die effektiven Farbladungen tatsächlich so mit wachsender Energie abnehmen, wie es aus der Theorie der Asymptotischen Freiheit folgt.

Soweit der Versuch, die Asymptotische Freiheit plausibel zu machen. Bei größeren Abständen, also kleineren Energien, müssten Rechnungen die Quark- und Gluonwolken um das zentrale (Anti-)Quark herum mehr und mehr berücksichtigen, und das ist zumindest praktisch unmöglich. Insgesamt steigt die effektive Kopplung der QCD mit zunehmendem Abstand, also abnehmender Energie auf Werte an, welche die Anwendung der Störungstheorie ausschließen.

Deshalb braucht es zusätzliche Modellvorstellungen, um zu erklären, dass weder Farbe tragende Verbindungen noch einzelne Quarks und Gluonen offen auftreten. Wie von elektrischen Ladungen gehen auch von Quarks Feldlinien aus. Wir wollen uns auf die Kräfte zwischen einem Quark und einem Antiquark beschränken und sie mit den Kräften zwischen einer positiven und einer negativen elektrischen Ladung vergleichen. Wie die entgegengesetzten Ladungen ziehen auch ein Quark und ein Antiquark sich gegenseitig an. Bei kurzen Abständen zwischen Quark und Antiquark muss zur Berechnung der anziehenden Kraft nur der Austausch eines einzelnen Gluons berücksichtigt werden – ganz wie die Coulomb-Kraft zwischen zwei elektrischen Ladungen auf dem Austausch eines einzelnen Photons beruht. Weil Gluonen dieselbe Masse Null wie Photonen besitzen, hängt bei kurzen Abständen die Farbkraft genauso vom Ort ab wie die elektrische Coulomb-Kraft.

Das gilt aber nicht bei großen Abständen! Auch dieser Unterschied von QED und QCD beruht darauf, dass Photonen elektrisch neutral sind, Gluonen aber Farbe tragen. Während die von elektrischen Ladungen ausgehenden Feldlinien einander nicht beeinflussen, wechselwirken die von Quarks ausgehenden miteinander. Und zwar durch Austausch von Quarks und Gluonen, die an die für die Farbfeldlinien verantwortlichen Gluonen koppeln. Das ganze nichtlineare Kuddelmuddel führt, so die Modellvorstellung, dazu, dass sich die Farbfeldlinien gegenseitig anziehen und bei wachsendem Abstand einen Schlauch zwischen Quark und Antiquark bilden (Abb. 32a).

Je weiter die elektrischen Ladungen der Abb. 32b sich voneinander entfernen, desto weiter breiten sich die Feldlinien über den Raum aus. Die Energie, die in ihnen steckt, nimmt daher mit wachsender Entfernung nur langsam zu. So langsam sogar, dass die anziehende Kraft zwischen den beiden Ladungen umso geringer ist, je weiter diese voneinander entfernt sind. Bei der Entfernung ›unendlich‹ verschwindet die elektrische Anziehungskraft.

Ganz anders die Kraft zwischen dem Quark und dem Antiquark: Der Durchmesser des sie verbindenden Farbschlauchs hängt nicht von seiner Länge ab, so dass die in ihm enthaltene Energie zu dem Abstand der Teilchen des Paares proportional ist. Mit der Konsequenz, dass die Farbkraft zwischen einem Quark und einem Antiquark bei wachsendem Abstand ungeändert bleibt und es nicht gelingt, sie durch Auseinanderziehen zu vereinzeln.

Beginnen wir mit einem farbneutralen Meson, bestehend aus einem Quark und einem Antiquark, und entfernen wir sie in Gedanken voneinander. Dadurch verlängern wir den verbindenden Schlauch und stecken Energie in das System hinein. Sobald diese zur Erzeugung eines realen Quark-Antiquark-Paares ausreicht, tritt eins aus dem Vakuum hervor und bildet mit dem Paar des ursprünglichen Mesons *zwei* farbneutrale reelle Mesonen (Abb. 32c). Infrarote Sklaverei oder Confinement heißt der sich hieraus ergebende unbedingte Einschluss farbiger Quarks, Antiquarks und Gluonen in farbneutrale Teilchen. Genauso, aber aus anderen Gründen, erhält man durch Zerbrechen eines Magneten mit Nordpol und Südpol nicht zwei einzelne Pole, sondern zwei Magnete, jeder komplett mit Nordpol und Südpol.

AUSBLICKE

Das Standardmodell besitzt 18 unabhängige Parameter, die nur durch das Experiment bestimmt werden können. Der heilige Gral der Physik ist eine Theorie, die keinen unabhängigen Parameter besitzt. Sie wäre beispielsweise in der Lage, alle Beobachtungsgrößen durch die drei Planck'schen Größen für Masse, Zeit und Länge als Einheit auszudrücken. Eine solche Theorie müsste das Standardmodell mit einer Quantentheorie der Gravitation vereinigen. Sieht man von den Superstringtheorien ab, von denen bisher keine im Detail überprüft werden konnte, ist eine solche Theorie nicht in Sicht. Keine Theorie aber mit 18 Parametern kann wirklich fundamental sein. Spekuliert werden darf über eine noch hypothetische Theorie namens GUT für ›Grand Unified Theories‹, welche die unabhängigen Wechselwirkungen des Standardmodells vereinigt. Sie sollte auch Beziehungen herstellen zwischen den drei Familien des Standardmodells, die wie zufällig nebeneinander stehen. Hoffnung, dass es eine solche Theorie gibt und dass sie in Sichtweite ist, macht die ähnliche Struktur der QFD und QCD als lokal symmetrische Theorien sowie der bei aller numerischen Verschiedenheit einheitliche Aufbau der drei Familien mit spezifischen Quark-Mischungen, die in der CKM-Matrix ihren Ausdruck finden. Abzuzeichnen beginnen sich die dazu analogen Mischungen der Leptonen, deren familienübergreifende Strukturen sich von den bei den Quarks zu beobachtenden jedoch signifikant unterscheiden.

Supersymmetrie, GUT und die Stabilität des Protons

Noch einmal zur Abb. 20: Das Standardmodell erlaubt die Berechnung seiner drei unabhängigen effektiven Kopplungen als Funktionen der Energie aus ihren gemessenen Werten zwischen 100 und wenigen 1000 GeV. Die gestrichelten Linien, die sie darstellen, enden bei 10^{16} GeV. Das ist eine Extrapolation über 13 Größenordnungen. Trotzdem ist signifikant, dass sie sich nicht in einem Punkt treffen. Treffen sie sich nicht, können die drei Wechselwirkungen des Standardmodells bei niedrigen Energien nicht aus einer sie vereinigenden Wechselwirkung bei hohen Energien hervorgehen.

Dass die durchgezogenen Linien für die Abhängigkeit der Kopplungen in einem das Standarmodell erweiternden Modell sich in einem Punkt bei 10^{16} GeV treffen, eröffnet die Möglichkeit, die unabhängigen Symmetrien des Standardmodells unterhalb dieser Energie aus der umfassenden Symmetrie dieser sie vereinigenden »supersymmetrischen« Theorie durch Symmetriebrechung hervorgehen zu lassen.

Laut jeder vorstellbaren GUT sind Quarks, Antiquarks und Leptonen gleichberechtigte Teilchen in dem Sinn, dass sie durch deren Symmetrietransformation ineinander überführt werden können. Bei lokalen Symmetrien entsprechen solchen Symmetrietransformationen Austauschteilchen X, durch deren Emissionen Quarks sowohl in Antiquarks als auch in Leptonen überführt werden können. Wenn es solche X-Teilchen gibt, kann, wie die Abb. 33 zeigt, das Proton zerfal-

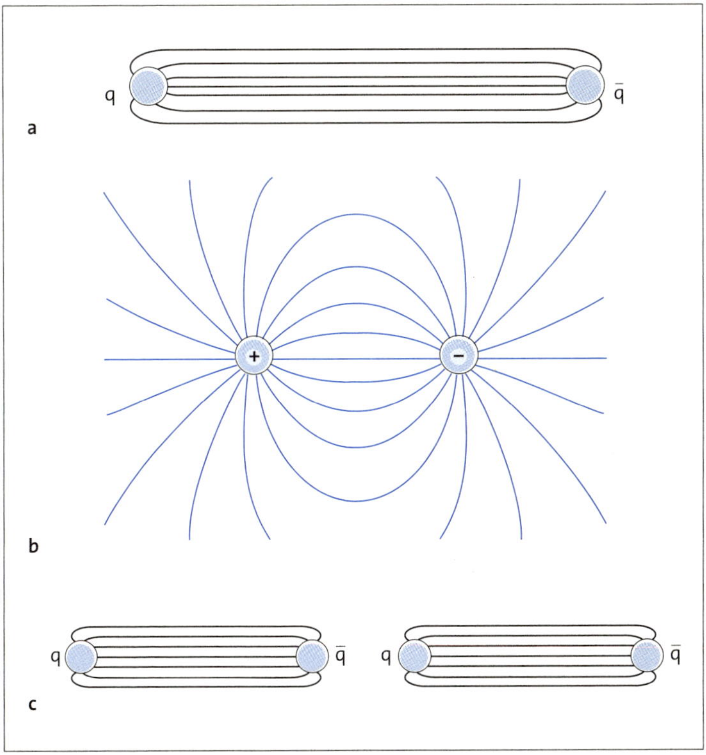

Abb. 32: Feldlinien zwischen Quark und Antiquark (a) und zwischen zwei entgegengesetzt-gleichen elektrischen Ladungen (b). Bei dem Versuch, ein Meson in ein Quark und ein Antiquark zu zerlegen, entsteht ein Quark-Antiquark-Paar neu (c).

len. Anders als für den Erhalt der elektrischen Ladung kennen wir keinen theoretischen Grund für die Erhaltung der Gesamtzahl der Baryonen. Der GUT gehöre ein X mit der Ladung $-4/3$ an. Wenn das d-Quark mit Ladung $-1/3$ im Proton ein X emittiert, geht es in ein Positron mit der Ladung $+1$ über. Energie, die der Masse des X entspricht, die der Abb. 20 zufolge etwa 10^{16} GeV betragen muss, steht im Proton nicht zur Verfügung, so dass das X nicht in Erscheinung treten kann – was auch deshalb unmöglich ist, weil dann auch die beiden u-Quarks im Proton mit ihrer Ladungssumme 4/3 einzeln oder als Konfiguration in Erscheinung treten müssten. Aber das X kann – und wird in der Abbildung – durch ein u-Quark des Protons absorbiert werden, wobei ein elektrisch neutrales Meson aus u und $\bar{u}$ in Erscheinung tritt: Das Proton ist in ein Positron und ein Meson, bevorzugt ein π^0 zerfallen. Minimale SU(5) heißt die Version einer GUT, die nicht nur diese Vorhersage macht, sondern auch die Lebensdauer des Protons gegenüber diesem Zerfall zu berechnen gestattet: etwa 10^{30} Jahre. Das ist eine sehr lange Zeit, auch verglichen mit dem Alter des Universums von gut 10^{10} Jahren. Die experimentelle Untergrenze für die Lebensdauer des Protons gegenüber diesem Zerfall beträgt gut 10^{32} Jahre, so dass die Minimale SU(5) nicht gelten kann.

Dass für eine Lebensdauer, die das Alter des Universums um 22 Größenordnungen übersteigt, überhaupt eine untere Grenze ermittelt werden kann, liegt daran, dass eine Tonne Wasser sehr viele – 10^{29} – Protonen in der Form von Wasserstoffkernen enthält. In 100 Tonnen Wasser sollten also bei einer Lebensdauer des Protons von 10^{30} Jahren etwa zehn Protonen pro Jahr zerfallen. Das Endprodukt des geschilderten Zerfalls eines Protons wären ein Positron und zwei Photonen von dem Zerfall des π^0. Diese hätten in Detektoren tief unter der Erde charakteristische Spuren hinterlassen, die aber nicht aufgetreten sind. Daher die Schranken für die Lebensdauer des Protons gegenüber einigen seiner denkbaren Zerfälle.

Wenn es den Zerfall des Protons gäbe, wäre die Materie instabil. Da es die Sonne seit etwa 5 Milliarden Jahren gibt, müssen Protonen im Durchschnitt länger leben als – sagen wir – 10^{10} Jahre. Der Protonzerfall wäre auch eine Quelle natürlicher Radioaktivität. Da die Radioaktivität des Protons Leben nicht unmöglich macht, kann geschlossen werden, dass das Proton im Mittel mindestens 10^{16} Jahre – eine Million Mal das Alter des Weltalls – lang lebt.

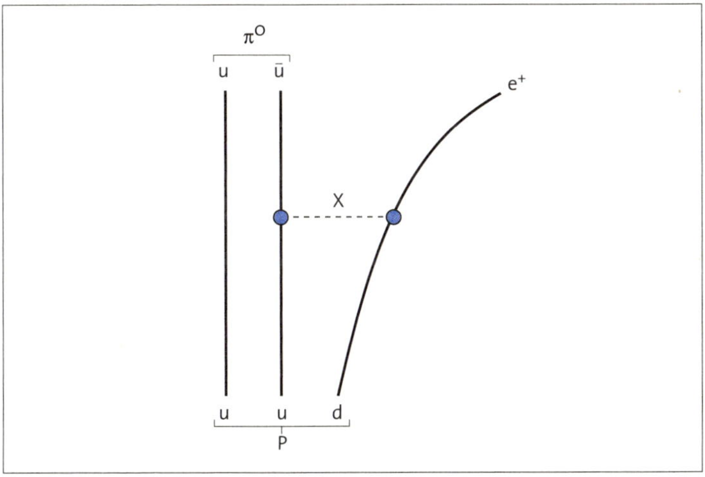

Abb. 33: Zerfall eines Protons in ein Positron und ein elektrisch neutrales Meson vermöge des Austauschs eines noch unbekannten Teilchens *X* einer anvisierten Grand Unified Theory GUT.

Supersymmetrie (SUSY) würde nicht nur eine GUT im Sinne der Abb. 20 ermöglichen, sondern auch eine Reihe von theoretischen Problemen lösen, an denen GUTs ohne SUSY wahrscheinlich leiden würden. Jedenfalls bildet SUSY, ob nun mit oder ohne GUT, eine der wichtigsten und interessantesten theoretischen Möglichkeiten, die über das Standardmodell hinausweisen.

Als einzige bekannte Theorie ordnet SUSY Fermionen und Bosonen zusammen in Teilchenfamilien ein, deren Mitglieder durch Symmetrietransformationen ineinander überführt werden können. Jedes Boson wie das Photon, das **Higgs-Teilchen**, das *Z* oder die *W* müsste S. 102 laut SUSY ein Fermion als Partnerteilchen besitzen, genauso jedes Fermion – jedes Quark und jedes Lepton – ein Boson. Am einfachsten und schönsten wäre es, wenn SUSY bekannte Fermionen als Partner bekannter Bosonen interpretieren könnte; sagen wir das Elektron-Neutrino als den SUSY-Partner des Photons, das »Photino«. Aber so ist es nicht; SUSY-Modelle mit bekannten Teilchen als Partner bereits bekannter Teilchen sind ausgeschlossen, so dass SUSY jedem bekannten Fermion ein unbekanntes Boson als Partner zuordnet, und genauso jedem bekannten Boson ein unbekanntes Fermion. Bisher wurde laut SUSY also höchstens die Hälfte aller existierenden Teilchen entdeckt.

Künftige Beschleuniger und Experimente

Wer weiß, was die Zukunft bringt. Zu Ende gebaut wird wohl der Large Hadron Collider LHC am CERN werden, der Protonen, die in einem ringförmigen Strahl umlaufen, in Wechselwirkungszonen zur Kollision bringen wird. Die Energie eines jeden Strahls wird 7000 GeV betragen. Auch Atomkerne werden statt Protonen in den LHC eingespeist und zur Kollision gebracht werden können. Die Frage, die durch Experimente mit Atomkernen beantwortet werden soll, ist, ob sich bei deren Aufeinandertreffen ein neuer Materiezustand herausbildet. Einer, in dem farbneutrale Elementarteilchen in ihre farbigen Komponenten zerlegt sind. Etwa so, wie durch hohe Temperaturen Materie in ein Plasma aus elektrisch positiven Kernen und negativen Elektronen überführt wird, die sich unabhängig voneinander bewegen.

Elementarteilchenphysiker erhoffen sich vom LHC vor allem die Entdeckung des Higgs-Teilchens. Ist es entdeckt, müssen seine Eigenschaften genau ermittelt werden. Steigt seine Wechselwirkung mit anderen Teilchen mit deren Masse an? Und ist die Selbstwechselwirkung des Higgs so geartet, dass sich sein Feld über den ganzen Raum ausbreiten kann und muss? Zur Beantwortung solcher Fragen braucht die Physik einen Collider von Elektronen und Positronen, der diese mit einer Gesamtenergie von 500 GeV und mehr gegeneinander lenkt. TESLA heißt eine solche Maschine, die bei Hamburg zu bauen ein prominenter Vorschlag des DESY ist. Dieselben Maschinen werden Teilchen der Supersymmetrie SUSY entweder entdecken oder deren untere Massengrenzen weit, weit hinausschieben. Ist SUSY entdeckt, wird TESLA Details ihrer Brechung untersuchen können. Vergleiche von Präzionsrechnungen mit Präzisionsexperimenten können Hinweise auf Teilchen mit Massen liefern, welche die Beschleuniger selbst nicht erreichen.

Zu entdecken und zu überprüfen bleiben schließlich die Theory Of Everything, TOE und als Vorform die Grand Unified Theory, GUT, die große vereinigte Theorie aller Wechselwirkungen mit Ausnahme der Gravitation, die TOE einschließen wird. Neben Experimenten an großen Maschinen braucht es hierfür die geduldige Betrachtung großer, von Kosmischer Strahlung abgeschirmter Materiemengen zur Entdeckung/Widerlegung des Protonzerfalls, zur Untersuchung der Eigenschaften der Neutrinos sowie zur Ausschau nach Teilchen außerhalb des Standardmodells. Fragen, welche die Kosmologie aufgeworfen hat – Was ist Dunkle Materie, was Dunkle Energie, wie genau hat sich das Universum in den ersten Bruchteilen von Sekunden entwickelt? –, bilden erste deutliche Hinweise auf eine Physik jenseits der Standardmodelle der Kosmologie und der Elementarteilchenphysik. Hier sollte zusammenwachsen, was zusammengehört.

VERTIEFUNGEN

BESCHLEUNIGER UND DAS HIGGS-TEILCHEN

Experimente der Elementarteilchenphysik werden so durchgeführt, dass Teilchen mit Teilchen zur Kollision gebracht und die Reaktionsprodukte nachgewiesen werden. Die »Teilchen« dieser Prozeduren können, müssen aber nicht Elementarteilchen sein. Bei dem Experiment von Rutherford, Geiger und Marsden waren sowohl die Geschossteilchen als auch die Targetteilchen Atomkerne – von Helium und Gold. Diese bleiben bei dem Prozess unverändert, lenken einander nur ab.

Bis zum Bau der ersten Beschleuniger seit 1932 standen als Projektilteilchen für Kollisionen nur die Teilchen der natürlichen Radioaktivität mit ihren geringen Energien sowie die der Kosmischen Strahlung zur Verfügung. Elektrische Felder beschleunigen elektrisch geladene Teilchen, und das lässt sich auf vielfältige Weise zum Bau von Beschleunigern nutzen. Am einfachsten so, dass Teilchen in einem luftleer gepumpten Rohr Spannungsdifferenzen durchlaufen, durch sie beschleunigt werden, um danach in Detektoren für Reaktionsprodukte auf Targets zu treffen.

Diese Technik erlaubt zahlreiche Abwandlungen. Die bisher höchsten Energien des Aufpralls von Teilchen auf Teilchen konnten durch die Technik erreicht werden, einen Strahl nicht auf ein ruhendes Target zu lenken, sondern in Collidern Strahlen aus benachbarten, gegensinnig durchlaufenen Kreisbahnen kollidieren zu lassen.

Die Energien von Elementarteilchen werden üblicherweise in Elektronenvolt (eV) als Einheit angegeben. Ein Elektronenvolt ist diejenige Energie, die ein einfach elektrisch geladenes Teilchen – ein Elektron zum Beispiel – hinzugewinnt, wenn es im Vakuum eine beschleunigende Spannungsdifferenz von einem Volt durchläuft. Nach

Auskunft von Einsteins $E = mc^2$ ist die Masse eines ruhenden Protons zu 938 MeV äquivalent. Zur Erinnerung: Vor einer Einheit wie eV bedeutet das Präfix k das 10^3-, M das 10^6-, G das 10^9- und T das 10^{12}-fache. Wenn wir Massen in Energieeinheiten angeben, meinen wir gemäß Einsteins Formel genauer »Energiewert geteilt durch c^2«. In der Physik der Elementarteilchen ist es üblich, die Maßeinheiten so zu wählen, dass die Lichtgeschwindigkeit c den Zahlenwert 1 besitzt. Damit sind 938 MeV / c^2 als Masse des Protons und 938 MeV schlicht dasselbe. Ein Photon rotes Licht besitzt 1,65 eV Energie, ein Photon der Röntgenstrahlen zwischen 10 und 100 keV, die α-, β- und γ-Strahlen von radioaktiven Zerfällen besitzen einige MeV, und von den Teilchen – Protonen –, die in dem stärksten im Bau befindlichen Beschleuniger LHC für »Large Hadron Collider« am CERN in Genf in zwei Kreisringen umlaufen werden, wird jedes die Energie 7 TeV besitzen. Wenn zwei Protonen mit dieser Energie in einem der Detektoren des Beschleunigers aus entgegengesetzten Richtungen kommend aufeinander prallen, besitzen ihre Energien zusammengenommen 15 000 Protonen als Masseäquivalent. Aus guten Gründen wird vermutet, dass das Higgs-Boson entweder nicht existiert oder spätestens am LHC wird erzeugt und nachgewiesen werden können. Zuvorkommen könnte dem LHC, der 2007 seinen Betrieb aufnehmen soll, der existierende Proton-Antiproton-Collider-Ring Tevatron am amerikanischen Labor Fermilab bei Chicago, der die Gesamtenergie von gut 2000 Protonenmassen erreicht. Ist das Higgs-Teilchen einmal nachgewiesen, müssen seine detaillierten Eigenschaften herausgefunden werden. Zu diesem, aber nicht nur zu diesem Zweck wird der Bau eines Linearbeschleunigers weltweit diskutiert, der Elektronen und Positronen mit bis zu 900 Protonmassen Gesamtenergie aufeinanderprallen lassen soll. Kollisionen von Hadronen wie Protonen und Antiprotonen bei hohen Energien erzeugen stets einen Wust von Teilchen, aus dem die interessierenden Reaktionen mühsam herausgefischt werden müssen, was niemals leicht möglich ist. Ganz anders Reaktionen von Elektronen und Positronen. Deren stärkste Wechselwirkung ist die elektromagnetische, so dass Einzelreaktionen klar hervortreten können (z. B. Abb. 22 und Abb. 26). Gibt es das Higgs-Teilchen im vom Standardmodell implizierten Energiebereich, wird ein Elektron-Positron-Linearbeschleuniger mit der geplanten Energie geradezu eine Higgs-Fabrik sein und detaillierte Untersuchungen der Eigenschaften des Higgs-Teilchens ermöglichen.

Der deutsche Plan zum Bau eines solchen Beschleunigers mit erhoffter Unterstützung aus aller Welt ist das TESLA-Projekt am DESY. Die linearen Beschleunigerstrecken für Elektronen und Positronen sollen je etwa 16 km lang sein. In der Mitte werden die Teilchenstrahlen zum Nachweis der Reaktionsprodukte in Detektoren gegeneinander gelenkt. Als Bauzeit für TESLA sind etwa acht Jahre erforderlich.

LEPTON-HADRON-STREUPROZESSE

Prozesse, die Leptonen auslösen, wenn sie auf Nukleonen N treffen, sind seit 1968 zu Wegbereitern des Standardmodells geworden. Beginnen wollen wir mit dem Beschuss der Protonen und Neutronen von Wasserstoff- und Deuterium-Targets durch Elektronen. Weil das Elektron nur Elektroschwache Wechselwirkungen besitzt, reicht es aus, die von ihm ausgelösten Reaktionen durch den Graph der Abb. 34 mit dem einlaufendem Elektron als Lepton l, dem Proton oder Neutron als Nukleon N und einem γ, Z oder W als Austauschteilchen A zu beschreiben. Das Lepton l' im Endzustand kann ein Elektron (bei A einem γ oder Z) oder ein Elektron-Neutrino (bei A einem W) sein. Obwohl bei hohen Energien – hier genauer: Energieübertragungen von dem Elektron auf das Nukleon – die Schwachen Wechselwirkungen eine mit der elektromagnetischen vergleichbare Stärke besitzen, und obwohl Detektoren zum Nachweis von Neutrinos durch »fehlende Energie« bei einzelnen Reaktionen entwickelt wurden und bei dem Beschleuniger HERA am DESY zur Untersuchung der Elektron-Proton-Reaktionen auch eingesetzt werden, wollen wir nur die elektromagnetische Reaktion mit $A = \gamma$ und $l' = e^-$ diskutieren. Dies zur Vereinfachung und weil diese Reaktion bei keiner Energie vernachlässigbar selten auftritt. Für μ als l gilt *mutatis mutandis* dasselbe. Diskutieren werden wir auch Reaktionen von Neutrinos l mit Nukleonen, die durch W-Austausch auf geladene, also relativ leicht nachweisbare Leptonen l' führen.

Wenn das einfallende Elektron energiearm ist, kann von ihm nur wenig Energie auf ein Proton N übertragen werden, so dass dann als X nur das Proton selbst in Frage kommt. Bei sehr niedrigen Energien »sieht« das Elektron nur die elektrische Ladung und das magnetische Moment des Protons, dessen Kennzahl g_P hierdurch bestimmt werden konnte und sich als von 2, dem Wert für ein strukturloses Teilchen mit dem Spin 1/2, deutlich verschieden erwiesen hat. Ist die Energie höher, kann das Elektron in das Proton eindringen. Wird es nachgewiesen, ähnelt der Prozess einer Beobachtung des Innern des Protons durch ein Mikroskop. Die mögliche Genauigkeit einer solchen Untersuchung hängt von der Wellenlänge des Lichtes ab. Je geringer sie ist, desto größer ist die Auflösung. So auch bei den Elektronen anstelle des Lichtes. Weil aber geringere Wellenlängen mit größeren Energien einhergehen, wächst mit ihrem Abnehmen die Wahrscheinlichkeit, dass das zu untersuchende Objekt zerstört wird. Vorteile von Untersuchungsmethoden durch Mikroskope mit Zerstörung des Objekts als Resultat sind nicht bekannt. Bei den Elementarteilchen aber haben gerade sie die signifikantesten Rückschlüsse auf deren Aufbau ermöglicht.

Experimente zur Ablenkung von Elektronen durch Nukleonen, die der amerikanische Physiker Robert Hofstadter (1915–1990, Physiknobelpreis 1961) bei niedrigen Energien der Elektronen, folglich geringem Energieübertrag auf die Nukleonen, an dem Elektronen-Beschleuniger der Stanford-Universität in Palo Alto durchführte, haben gezeigt, dass Protonen und Neutronen eine über 10^{-13} cm ausgebreitete Dichte elektrischer Ladungen und magnetischer Momente besitzen. Energiereichere Elektronen können so viel Energie auf ein Proton übertragen, dass dieses in einen angeregten Zustand X versetzt wird, der unter Aussendung von Mesonen wieder zerfällt. Angeregt werden kann zum Beispiel die Resonanz Δ^+ der Abb. 7 mit 1,232 GeV Energie, die in ein Proton und ein π^0 oder ein Neutron und ein π^+ zerfällt und so weiter. Ist die Energie des einfallenden Elektrons so groß, dass dem Targetteilchen N zahlreiche Endzustände X offenstehen, könnte die Frage nach jedem einzelnen von ihnen nach unermesslichen Analysen nur auf Datensalat führen. Erfolgreich war die Beschränkung der Experimentatoren, nur nach dem Elektron am Ende der Reaktion zu fragen, so dass die Experimente alle mit dessen Messdaten vereinbarten Endzustände X zu einem Wirkungsquerschnitt zusammengefasst haben.

Bereits die Ergebnisse des ersten Experimentes dieser Art 1968 am SLAC haben von den Theoretikern gehegte Erwartungen über den Haufen geworfen. Über den Aufbau der Nukleonen waren verschiedene Vorstellungen im Umlauf. Als der Häresie verdächtig nahm jene den letzten Rang ein, nach der die Nukleonen aus punktförmigen Ladungsträgern – etwa gar den Quarks? – aufgebaut seien. Kurt Gottfried meinte einmal, J. D. Björken und er hätten Konsequenzen dieser Vorstellung nur deshalb ausgearbeitet, damit ihr experimentell der Garaus gemacht werden könne.

Aber es ist anders gekommen. Nun das Experiment selbst, das im Prinzip dem von Rutherford, Geiger und Marsden glich, und für das seine Hauptakteure Jerome I. Friedman (geb. 1928), Henry W. Kendall (geb. 1926) und Richard W. Taylor (geb. 1929) den Nobelpreis für Physik des Jahres 1990 erhalten sollten. Von dem Linearbeschleuniger Linac des SLAC stammende Elektronenstrahlen mit bis zu 21 GeV Energie (statt der α-Strahlen Rutherfords) richteten die Experimentatoren auf ein Target aus Wasserstoff (statt der Goldfolie) und ermittelten durch Dutzende Meter lange Nachweisgeräte (statt Rutherfords Mikroskop) die Anzahl der Elektronen, die um Winkel bis zu 120 Grad gegenüber der Strahlrichtung und mit jeweils vorgegebenem Energieverlust abgelenkt wurden. Durch die zu jener Zeit allgemein unterstellte diffuse Ladungsverteilung innerhalb des Protons wären nur »wenige« Elektronen durch einen harten Streuprozess unter großem Energieverlust um große Winkel abgelenkt worden; tatsächlich waren es »viele«. Das war die erste Überraschung, welche die Experimentatoren erleben mussten – in Analogie zu dem Staunen Rutherfords über die rückwärts gestreuten α-Teilchen. Als Variable stand Rutherford nur der Ablenkungswinkel der α zur Verfügung; bei den Elektronen kommt deren durch den Stoß eingebüßte Energie hinzu. Als zweite Überraschung stellte sich heraus, dass die Häufigkeit des Auftretens gestreuter Elektronen nur von einer bestimmten Kombination dieser beiden Größen abhängt. Mit Hilfe der Relativitätstheorie können Winkel und Energieverlust durch zwei Variable ausgedrückt werden, die Q^2 und ν heißen, und die hier nur angeführt werden, um die zweite erstaunliche Beobachtung namens Scaling zu erläutern: Wenn Q^2 und ν auf durch die Masse des Protons definierten Energieskalen beide groß sind und so variiert werden, dass ihr Verhältnis groß und ungeändert bleibt, bleibt auch die Häufigkeit des Auftretens von Elektronen ungeändert. Die Häufigkeit ist, anders gesagt, bei großen Q^2 und ν nur eine Funktion ihres Verhältnisses Q^2/ν. Sagen wir, Q^2 ist 200 und ν ist 100 mit dem Verhältnis $Q^2/\nu = 2$. Bei $Q^2 = 300$ und $\nu = 150$ ist das Verhältnis dasselbe, so dass auch die Häufigkeiten in beiden Fällen übereinstimmen.

Dies nach dem bereits erwähnten J.D. Björken benannte Scaling wurde zuerst von Feynman sowie Björken in einer Theorie des »als-ob« abgeleitet. Es war, »als ob« die Elektronen statt durch das komplizierte Proton durch strukturlose Teilchen, von Feynman Partonen genannt, die keine Wechselwirkungen besaßen als die mit den

Elektronen, abgelenkt würden. Als dritte Überraschung erwies sich eine Relation als erfüllt, die von den Theoretikern Curt Callan und David Gross aus der Annahme abgeleitet worden war, der Spin der Partonen sei wie der des Protons und der hypothetischen Quarks 1/2. Anlass genug, das »naive Partonmodell«, dessen Einzelheiten Björken zusammen mit E. A. Paschos ausgearbeitet hatte, ernster zu nehmen als eine Theorie des »als-ob«? Das Modell unterstellt, dass Protonen und Neutronen aus drei in einen »See« von Quark-Antiquark-Paaren eingebetteten »Valenz«-Quarks aufgebaut sind. Eine Verfeinerung des Modells von J. Kuti und V. Weisskopf hat einen See neutraler Gluonen hinzugefügt. Diese Modelle sollten sich als äußerst erfolgreich erweisen. Bis zur Entwicklung der Quantenchromodynamik (QCD) ist es aber ein Rätsel geblieben, wie die elastische Streuung eines Elektrons an einem Konstituenten des Protons dessen starke Wechselwirkung mit den anderen Konstituenten zunächst aufheben und dann auf Endzustände X führen kann, die vermöge der Starken Wechselwirkung unermesslich kompliziert sind (Abb. 34).

Das naive Partonmodell war von Anfang an viel zu erfolgreich, um unbeachtet zu bleiben. Und es warf eine Reihe weitergehender Fragen auf, von denen die drängendste die nach dem Verhältnis der Partonen zu den Quarks war. Konnte es sein, dass es sich bei den Partonen um real gewordene Quarks handelte? Heute wissen wir, dass es so ist. Ab 1968 wiesen zwar mehr und mehr Indizien darauf hin, aber akzeptiert wurde die Idee von den Quarks als Konstituenten des Protons erst nach der Entwicklung der QCD als Theorie von Quarks und Gluonen. Die Streuung von Elektronen an Quarks erprobt bei nicht zu hohen Energien – nicht so hoch, dass auch das Z ins Spiel käme – nur deren elektrische Ladungen. Die Ergebnisse sind im Einklang damit, dass diese drittelzahlig sind und das Proton aus zwei Quarks mit der Ladung 2/3 (den zwei u) und einem mit der Ladung –1/3 (dem d) aufgebaut ist. Zahlreiche weitere verwandte Experimente, auch mit Neutrinos als Leptonen l, ließen am Ende keinen Spielraum für

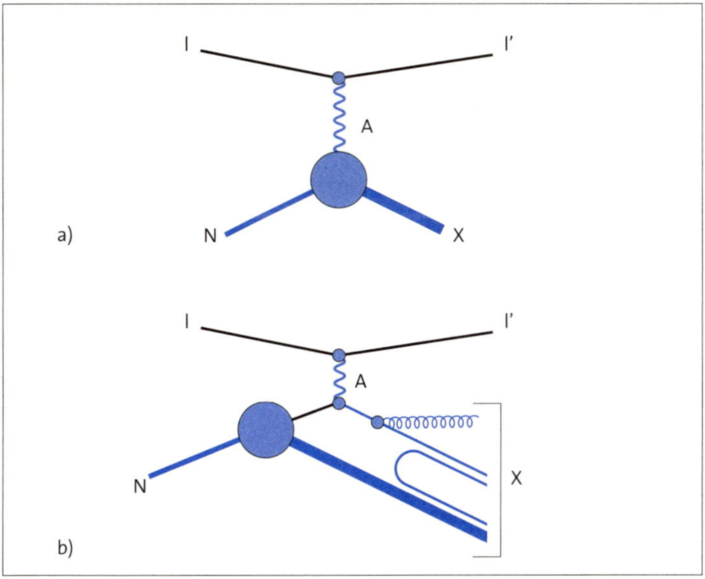

Abb. 34: Prozesse, bei denen ein hochenergetisches Lepton l vermöge eines Austauschteilchens A viel Energie auf ein Nukleon N überträgt und dabei als Lepton l' um einen großen Winkel abgelenkt wird, wurden zuerst am SLAC und CERN untersucht. Ist l ein Elektron, kann l' sowohl ein Elektron (dann ist A ein Photon oder Z), als auch ein Elektron-Neutrino sein (dann ist A ein W). Den zweiten Prozess weist der Detektor HERA am DESY für Protonen als Nukleonen N nach. Mit l einem Neutrino, kann nur das zugehörige geladene Lepton l' nachgewiesen werden (damit ist A ein W). Das Austauschteilchen A reagiert bei hohen Energien mit einem der Quarks des N. Dessen Endzustand X entsteht durch Hadronisierung aus den Quarks und Gluonen des N; er wird im Allgemeinen nicht nachgewiesen. Bei den HERA-Experimenten hat sich herausgestellt, dass in überraschend vielen Fällen das Proton N nicht zerstört wird.

ein anderes Modell als dies: Protonen und Neutronen sind aus Quarks im Wesentlichen so aufgebaut, wie vom Quarkmodell behauptet. Hinzu kommt ein See aus Quark-Antiquark-Paaren und Gluonen, deren Wechselwirkungen die Quarks in den Nukleonen zusammenhalten, und die zugleich etwa die Hälfte des Impulses von Proton und Neutron tragen.

Bei den hier beschriebenen Experimenten zur »tiefinelastischen« Streuung werden nur Leptonen beobachtet, die Theorie betrifft aber auch Quarks und Gluonen. Diese müssen am Ende in beobachtbare, wenn auch nicht beobachtete Hadronen übergehen. Das tun sie in dem Hadronisierung genannten Prozess mit der Wahrscheinlichkeit eins. Dieser Prozess, der Quarks und Gluonen in Jets aus beobachtbaren Teilchen überführt, zerfällt in viele Einzelprozesse bei niedrigen Energien, also so großen Kopplungen von Quarks und Gluonen, dass die Einzelprozesse nicht berechnet werden können. Gehören aber Prozesse wie jener der Abb. 34b, bei dem das durch die Wechselwirkung mit dem Austauschteilchen *A* vereinzelte hochenergetische Quark ein Gluon emittiert, zu den durch die Störungstheorie berechenbaren vor der Hadronisierung dazu, oder gehören sie bereits der Hadronisierung an? Die erste Alternative hat die Ableitung von nach G. Altarelli und G. Parisi benannten Gleichungen ermöglicht. Sie implizieren kleine Abweichungen vom Scaling, die wie berechnet beobachtet worden sind. Nicht so einfach wie zuerst gedacht, ergibt sich der Spin 1/2 der Nukleonen aus den Eigenschaften ihrer Konstituenten.

NEUTRINOOSZILLATIONEN

Es kann sowohl sein, dass die inzwischen sicher nachgewiesenen Neutrinooszillationen – Umwandlungen der ν_e, ν_μ und ν_τ ineinander – weit über das Standardmodell hinausweisen, als auch, dass sie nur eine nahezu triviale Erweiterung des Modells erfordern. Auf jeden Fall zeigt das Auftreten der Oszillationen, dass nicht alle drei Neutrinotypen die Masse Null besitzen können.

Zunächst die erste Möglichkeit: Massive Neutrinos können ihre eigenen Antiteilchen sein. In diesem Fall ist das vermeintliche Antiteilchen eines Neutrinos dasselbe Neutrino in einem anderen Zustand. Tritt eines dieser nach dem italienischen theoretischen Physiker Ettore Majorana (1906–1938) benannten massiven Neutrinos zusammen mit einem Elektron auf (ein Elektron-Antineutrino in der üblichen Sprechweise) *und* bewegt sich nach seiner Emission praktisch mit Lichtgeschwindigkeit im Labor, dreht es sich aufgrund der Schwachen Wechselwirkung – also nicht bereits aufgrund seiner Natur – in Bewegungsrichtung gesehen rechtsherum. Träte bei einem Prozess ein Neutrino oder Antineutrino auf, das sich im Labor nachweisbar nicht mit nahezu der Lichtgeschwindigkeit bewegt, wäre das ein direkter Beweis, dass es nicht masselos ist. Nach langsamen Elektron-Antineutrinos wird vor allem in einem Prozess der Schwachen Wechselwirkung – dem β-Zerfall von Tritium – gesucht; bisher ohne Erfolg. Obwohl also auch massive Neutrinos und Antineutrinos im Labor praktisch Lichtgeschwindigkeit haben, können wir in Gedanken in ein Bezugssystem hinüberwechseln, in dem sich ein mit einem e^- entstandenes Antineutrino beinahe mit Lichtgeschwindigkeit in die Gegenrichtung bewegt und sich in diese Richtung gesehen linksherum dreht. Ist nun, wie es die Theorie der Majorana-Neutrinos will, das Neutrino sein eigenes Antiteilchen, tritt es in ebendiesem Zustand zusammen mit einem Positron unter dem Namen Elektron-Neutrino (nicht also Antineutrino) auf. Anders gesagt könnte es, obwohl zusammen mit einem Elektron entstanden, beim Auftreffen auf ein Target durch einen Prozess der geladenen Schwachen Wechselwirkung genauso ein Elektron erzeugen, wie das ein Neutrino kann, das zusammen mit einem Positron aufgetreten ist. Ist das Elektron-Neutrino ein Majorana-Teilchen, kann die Elektronenzahl keine Erhaltungsgröße sein. Ist sie, in der üblichen Sprechweise, am Anfang eines Prozesses Null, kann sie an dessen Ende zwei sein.

Betrachten wir zunächst den gewöhnlichen β-Zerfall eines Neutrons in ein Proton, ein Elektron und ein Elektron-Antineutrino, und denken wir uns, beispielsweise in einem Atomkern, ein zweites Neutron dazu. In einem gewöhnlichen schwachen Prozess kann ein

Elektron-Neutrino (nicht Antineutrino!) zusammen mit einem Neutron in ein Proton und ein Elektron übergehen. Sind nun aber Elektron-Neutrino und Elektron-*Anti*neutrino nicht verschiedene Teilchen, sondern zwei Zustände desselben Teilchens, können aus zwei Neutronen in einem Prozess zwei Protonen zusammen mit zwei Elektronen werden, ohne dass dabei Neutrinos auftreten. Wenn es diesen Prozess namens »neutrinoloser doppelter Betazerfall« gibt, muss er sehr selten sein. Denn er ist doppelt unterdrückt im Vergleich zum gewöhnlichen einfachen β-Zerfall. Erstens benötigt er für sein Auftreten praktisch gleichzeitig *zwei* Prozesse der gewöhnlichen Schwachen Wechselwirkung, und zweitens muss das Antineutrino gleich nach seinem Auftritt wie ein Neutrino wirken. Dem aber steht der falsche Drehsinn entgegen.

Gut zurecht kommt das Standardmodell hingegen mit massiven Neutrinos, die sich von ihren Antiteilchen unterscheiden – und zwar auch dann, wenn statt der einzelnen Anzahlen der e, μ und τ nur die Gesamtzahl der Leptonen erhalten ist. Diese Modifikationen wurden dem Standardmodell in den letzten Jahren aufgezwungen. Eingehen will ich nur auf ein Experiment namens SNO, das im Sommer 2002 sowohl das seit 30 Jahren bestehende Rätsel der fehlenden Neutrinos von der Sonne gelöst als auch gezeigt hat, dass Neutrinos sich ineinander umwandeln.

Zunächst das Rätsel der fehlenden Neutrinos von der Sonne. Das Standardmodell der Sonne erklärt deren Scheinen durch eine Vielzahl von Verschmelzungs- und Zerfallsreaktionen, die ausgehend von Protonen und Elektronen zu den Elementen Deuterium, Helium, Lithium, Beryllium und Bor führen, und von denen sechs Reaktionen Neutrinos – ausschließlich Elektron-Neutrinos, keine Antineutrinos – produzieren. Und zwar mit Energien, die bis zu 19 MeV reichen. Dies führt auf der Erde zu einem Neutrinostrom von nahezu 10^{15} Neutrinos pro Quadratmeter und Sekunde. Dieser enorme Strom ermöglicht trotz der geringen Wechselwirkung der energiearmen Neutrinos mit Materie deren Nachweis auf der Erde. In der Form von Photonen empfängt die Erde von der Sonne 1,37 Kilowatt pro Quadratmeter und Sekunde; das sind knapp 10 MeV pro Neutrino. Dies ist auch das Ergebnis einer Überschlagsrechnung, die annimmt, dass in der Sonne Kernreaktionen ablaufen, deren jede ein Neutrino und die für Kernreaktionen typische Energie von einigen MeV produziert. Zusätzlich zur Energie der Neutrinos, denn diese verlassen die Sonne, ohne Energie zu verlieren.

Vor allem drei Experimente haben vor SNO den Neutrinostrom von der Sonne gemessen und gefunden, dass er um einen Faktor 2 bis 3 geringer ist, als aus dem Standardmodell der Sonne folgt. Das ist eine so große Diskrepanz, dass trotz der Abhängigkeit der einzelnen Neutrinoflüsse, welche die Experimente nachweisen konnten, von den Einzelheiten des Modells, etwa der Temperatur innerhalb der Sonne, nach einer anderen Erklärung als einem Versagen des Sonnenmodells gesucht wurde. Eine grundsätzliche Möglichkeit, die SNO als realisiert nachgewiesen hat, beruht darauf, dass die Experimente nur Elektron-Neutrinos, also weder μ- noch τ-Neutrinos, nachweisen konnten.

Nun zu SNO: Als Reaktions- und zugleich Detektormaterial dienen dem Experiment 1000 Tonnen Schweres Wasser – Wasser mit Deuterium statt Wasserstoff im Molekül – in einer Tiefe von 2000 Meter in einer noch betriebenen Nickel-Mine in Kanada. Das Experiment ist sensitiv auf drei Reaktionen, von denen eine besonderes Interesse verdient: die Reaktion eines Neutrinos beliebigen Flavors mit etwa 5 MeV Energie durch Austausch eines *Z* mit dem Deuteriumkern des Schweren Wassers (Abb. 35). Der Kern bricht bei der Reaktion auseinander, und das Neutron wird nachgewiesen. Es hat sich gezeigt, dass die Häufigkeit des Auftretens der Reaktion diejenige ist, die auf Grund des gesamten, von der Sonne produzierten Neutrinoflusses und des Wirkungsquerschnittes der Reaktion erwartet werden muss. Zusammen mit den beiden anderen Reaktionen zeigt dieses Resultat, dass nur etwa 1/3 aller in der Sonne produzierten Elektron-Neutrinos auf der Erde als solche ankommen. Die anderen haben sich zwischen ihrer Produktion in der Sonne und ihrer Ankunft auf der Erde in μ- und/oder τ-Neutrinos umgewandelt.

Weil nicht die Entstehungsweisen der Neutrinos, sondern ihre Massen über die Entwicklung ihres Zustands im Laufe der Zeit entscheiden, können Oszillationen nur auftreten, wenn deren Massen verschieden sind. Denn sonst würden sich die verschiedenen Neutrino-Komponenten eines in der Sonne entstandenen Elektron-Neutrinos im Laufe der Zeit gleich entwickeln. Daher folgt aus dem Auftreten von Neutrino-Oszillationen, dass zumindest eines der drei Neutrinos eine von Null verschiedene Masse besitzt.

VAKUUMFLUKTUATIONEN UND TEILCHENERZEUGUNG

Die Teilchen des Vakuums verdanken ihre Existenz Schwankungen der Energie aufgrund der Unschärferelation zwischen Energie und Zeit. Sie entstehen und vergehen mit der fluktuierenden Energie. Um zu realen, dauerhaften Teilchen zu werden, brauchen sie Energie, die sie nicht zurückgeben müssen. Eine direkte und routinemäßig erfolgreiche Methode, den im Vakuum fluktuierenden virtuellen Teilchen-Antiteilchen-Paaren die Energie zur Verfügung zu stellen, die sie dazu brauchen, ist der Beschuss von Materie mit energiereichen Photonen.

Paarerzeugungen durch Zusammenstöße von Photonen mit Atomen sind keine reinen Vakuumprozesse, weil sie die Anwesenheit von Atomen und/oder Kernen als Katalysatoren brauchen. Mit einem energetisch angereicherten Vakuum, und nichts als ihm, konfrontieren uns Prozesse an Collidern, die mit der Vernichtung eines Elektron-Positron-Paares beginnen und dadurch ein Gebiet reiner Energie erschaffen. Ein solcher Collider war LEP am CERN. Die Energiekon-

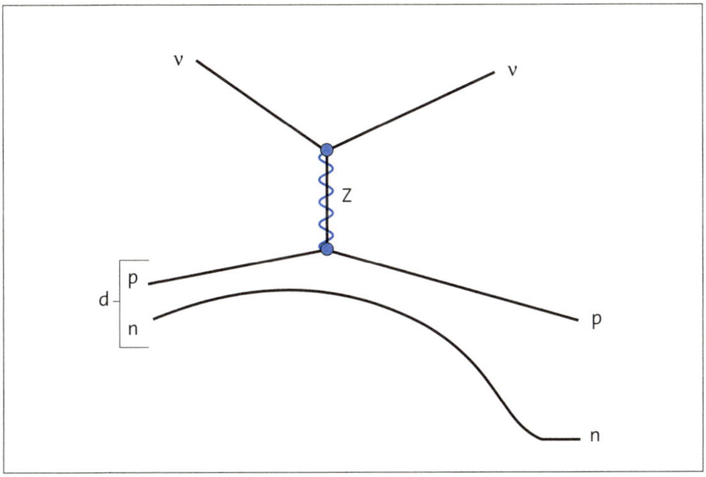

Abb. 35: Die neutrale schwache Wechselwirkung eines Neutrinos von der Sonne mit dem Proton eines Deuterium-Kerns bricht diesen auf, so dass das freigesetzte Neutron nachgewiesen werden kann. Auf die Natur des Neutrinos – ob Elektron-, Myon- oder Tauon-Neutrino – kommt es hierbei nicht an. Folglich kann der Prozess Neutrinos aller drei Arten gleichermaßen nachweisen, genauso Antineutrinos.

zentrationen, die in seinen Wechselwirkungszonen durch Kollisionen geschaffen wurden, gleichen der des ganzen heute beobachtbaren Universums 10^{-10} Sekunden nach dem Urknall. Während seines Betriebes von 1989 bis 2000 hat LEP mehr als eine Million Mal einen Miniurknall im Labor ausgelöst (Abb. 36). Die ganze durch die gegenseitige Vernichtung eines Elektrons und eines Positrons freigesetzte Energie – beim LEP entsprach sie bis zu 200 Protonenmassen – steht den im Vakuum fluktuierenden Teilchen als Energie zur Verfügung. Da sie diese Energie nicht ›zurückgeben‹ müssen, können sie zu realen Teilchen zu werden. Deren Vielzahl und zumeist ungeordnete Verteilung über Winkel und Energien spiegelt mehr als alles andere das Kuddelmuddel des Vakuums selbst wider: Wie alle Beschleuniger und Detektoren, die Prozesse von Elementarteilchen bei großen

Energien auslösen beziehungsweise nachweisen, war LEP mit seinen Nachweisgeräten vor allem eine Maschine zur Erforschung des einfachsten, aber immer noch ungemein komplizierten Systems, das die Physik kennt: des physikalischen Vakuums.

SYMMETRIEN UND ERHALTUNGSSÄTZE

Objekte im Raum heißen symmetrisch, wenn sie gespiegelt, gedreht, verschoben oder auch vergrößert werden können, ohne dadurch geändert zu werden. Zum Beispiel kann der Buchstabe **A** ohne Änderung an seiner senkrechten Mittellinie gespiegelt, der Buchstabe **S** um seinen Mittelpunkt um 180 Grad gedreht werden. Die Symmetrie eines Objektes im Raum gegenüber einer Transformation kann also auch dadurch gekennzeichnet werden, dass allein durch Betrachtung des Objektes nicht festgestellt werden kann, ob die Transformation durchgeführt wurde. In diesem Sinn ist Symmetrie gleichbedeutend mit Unbeobachtbarkeit.

Ein Naturgesetz heißt symmetrisch gegenüber einer Transformation, wenn durch keinen Ablauf, der mit ihm im Einklang steht, festgestellt werden kann, ob die Transformation durchgeführt wurde. Ob Experimente hier oder dort im ansonsten leeren Raum durchgeführt werden, soll bei Verschiebungssymmetrie der Naturgesetze durch sie allein nicht entschieden werden können. Was sie *hier* erlauben, soll auch *dort* möglich sein. Wir können auch sagen, dass die Verschiebungssymmetrie der Naturgesetze damit gleichbedeutend ist, dass ein absoluter Ort nicht beobachtet werden kann. Analoges gilt für absolute Richtung, absolute Zeit und absolute Geschwindigkeit.

Nun gibt es keinen Grund zu bezweifeln, dass die Naturgesetze diese vier Symmetrien besitzen. Überprüft werden kann die Symmetrie eines Naturgesetzes gegenüber einer Transformation aber nicht nur durch Vergleiche von Abläufen – von ursprünglichen mit trans-

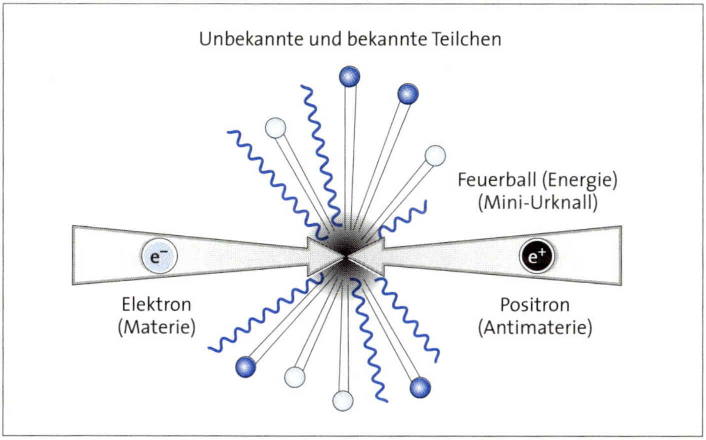

Abb. 36: Bei dem Zusammenstoß und der nachfolgenden gegenseitigen Vernichtung zweier Elementarteilchen entsteht ein Feuerball reiner Energie. Diese Energie steht den im Vakuum fluktuierenden Teilchen als Energie, die sie nicht zurükkgeben müssen, zur Verfügung und ermöglicht es ihnen, zu realen Teilchen zu werden, die in Detektoren Spuren hinterlassen.

formierten –, sondern auch durch Tests von Erhaltungssätzen. Dass in der nicht-quantenmechanischen Physik Symmetrien von Naturgesetzen gegenüber Transformationen, die kontinuierlich von Parametern abhängen, Erhaltungssätze nach sich ziehen, hat zuerst die 1933 in die USA emigrierte deutsche Mathematikerin Emmy Noether gezeigt. In der Quantenmechanik gilt ein erweitertes Noether-Theorem, das auch die diskreten Transformationen C, P und CP, nicht aber T, einbezieht.

Drehungen hängen kontinuierlich von Drehwinkeln als Parameter ab, für sie gilt folglich bereits das Noether-Theorem der nicht-quantenmechanischen Physik. Die zugehörige Erhaltungsgröße ist der Drehimpuls. Aus der Verschiebungssymmetrie der Naturgesetze im Raum folgt genauso die Erhaltung des Impulses; ihre Unabhängigkeit von der Zeit impliziert den Energiesatz. Dies alles genauso in der

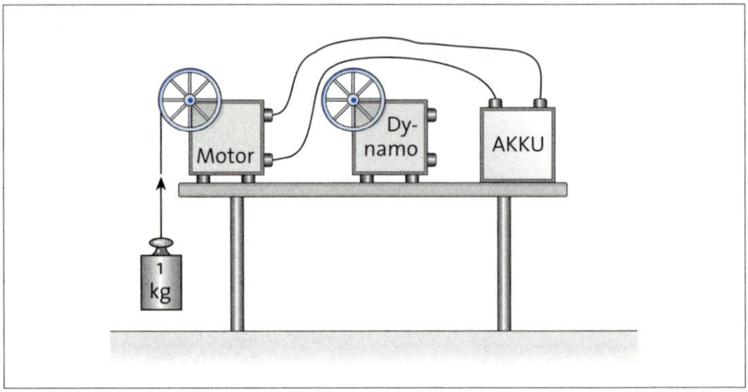

Abb. 37: Mit Hilfe dieser Vorrichtungen kann bei zeitlich veränderlicher Schwerkraft Energie gewonnen werden.

relativistischen wie in der nicht-relativistischen Physik; nur die Ausdrücke für Energie, Impuls und Drehimpuls sind bei beiden verschieden. Aus der Symmetrie der Naturgesetze gegenüber Änderungen der Geschwindigkeit folgt in beiden Fällen hingegen nichts, was nicht bereits die anderen Symmetrien implizierten.

Das Noether-Theorem ist nur mit dem Instrumentarium der höheren Mathematik abzuleiten oder auch nur einigermaßen korrekt plausibel zu machen. Leicht zu sehen ist hingegen, dass ein Erhaltungssatz verletzt sein kann, wenn die Symmetrie es ist, aus der er folgt. Überprüfung der Gültigkeit eines Erhaltungssatzes testet also die Gültigkeit der zugehörigen Symmetrie. Nehmen wir den Energiesatz und nehmen wir an, dass die Schwerkraft an Sonntagen doppelt so groß ist wie an anderen Tagen, die Naturgesetze also *nicht* zu allen Zeiten dieselben sind. Dann können wir mit Hilfe der Geräte der Abb. 37 Energie gewinnen. Nämlich so: Am Samstag, bei normaler Schwerkraft, benutzen wir Strom aus dem Akku, um das Gewicht mit Hilfe des Motors auf den Tisch zu heben. Dort bleibt es stehen, bis am Sonntag die Schwerkraft doppelt so groß ist wie normal. Dann hängen wir das Gewicht an den Dynamo und lassen es herunter. Die elektrische Energie, die der Dynamo dabei liefert – natürlich das Doppelte dessen, was der Motor tags zuvor zum Heben des Gewichtes gebraucht hat –, speichern wir im Akku. Am Montag, bei wieder normaler Schwerkraft, hat sich nur eins gegenüber den Verhältnissen am Samstag geändert – der Akku enthält mehr Energie; das mechanische System ist wieder dasselbe. Wäre es tatsächlich möglich, einem System ohne es zu ändern Energie zu entnehmen, könnten laut Noether-Theorem die Naturgesetze nicht zu allen Zeiten dieselben sein. Somit testet die Überprüfung des Erhaltungssatzes der Energie die Unabhängigkeit der Naturgesetze von der Zeit.

LOKALE EICHSYMMETRIEN

Beginnen wir mit der Verschiebungssymmetrie der Naturgesetze und der kräftefreien Bewegung eines Teilchens entlang einer geraden Linie und mit konstanter Geschwindigkeit: Wird dieser Ablauf insgesamt im Raum verschoben, ist das Resultat zwar nicht dieselbe Bewegung, wohl aber eine, die ebenfalls mit dem Naturgesetz kräftefreier Bewegungen in Einklang steht. Ganz anders ist es, wenn verschiedene Punkte der Bahn des Teilchens um verschiedene Abstände verschoben werden (Abb. 38). Die sich hierdurch ergebende Bewegung auf einer krummen Bahn mit wechselnden Geschwindigkeiten ist mit einem Naturgesetz, das nur kräftefreie Bewegungen erlaubt, offenbar nicht im Einklang. Wohl aber mit einem, das ungeändert bleibt, wenn durch die ortsabhängige Verschiebung Kräfte eingeführt werden, vermöge derer das Teilchen seine abgeänderte Bahn durchläuft.

»Global« heißen Symmetrien von Naturgesetzen gegenüber Transformationen, deren Parameter – etwa der Abstand, um den verschoben, oder der Winkel, um den gedreht wird – von der Zeit und dem Ort unabhängig sind. Hängen sie dagegen von Zeit und/oder Ort ab, werden sowohl die Symmetrien als auch die Transformationen »lokal« genannt. Unser Beispiel hat gezeigt, dass Naturgesetze, die keine Kräfte kennen, zwar global, aber nicht lokal symmetrisch sein können: Lokale Symmetrie impliziert das Wirken von Kräften.

Die Forderung nach der lokalen Form der Symmetrien der Speziellen Relativitätstheorie führt auf die Allgemeine Relativitätstheorie. Dies ist der Triumph einer Forderung, die an und für sich wenig plausibel ist. Sei zunächst ein großes System gegeben, das in zwei unabhängige Teilsysteme fern voneinander zerfällt – eins in Karlsruhe, das andere in Frankfurt. Dann ist es eine plausible Forderung an die Naturgesetze, dass das von ihnen implizierte Verhalten der Teilsysteme nicht nur dann dasselbe bleibt, wenn diese um dieselbe Strecke verschoben werden, sondern auch dann, wenn sie das einzeln um Strecken werden, die zwar verschieden, aber nicht so verschieden sind, dass die verschobenen Teilsysteme überlappen. Die Forderung nach lokaler Verschiebungssymmetrie der Naturgesetze ist aber viel allgemeiner. Ist das Verhalten eines beliebigen, auch großen Systems im Laufe der Zeit im Einklang mit ihnen, so soll es auch das Verhalten sein, das sich dadurch ergibt, dass Teile des Systems an verschiedenen Orten um verschiedene, auch große Strecken verschoben werden. Symmetrie besteht also auch dann, wenn Teile des Systems, die miteinander wechselwirken, um verschiedene Strecken verschoben werden. Das ist eine höchst unplausible Forderung, die einem Widerspruch nahe kommt – und die eben deshalb so folgenreich ist.

Die QED für sich allein, die QFD und die QCD des Standardmodells basieren auf Forderungen nach lokaler Symmetrie. Ihre Wechselwirkungen und Austauschteilchen sind um die lokalen Formen von Symmetrien herumgebaut. Aus ihnen folgt, dass Austauschteilchen die Masse Null und den Spin 1 besitzen. Ist die Masse eines Austausch- oder anderen Teilchens einer lokal symmetrischen Theorie tatsächlich nicht Null, muss die Masse eine Konsequenz von Wechselwirkungen *innerhalb* der Theorie sein; z. B. eine des Higgs-Mecha-

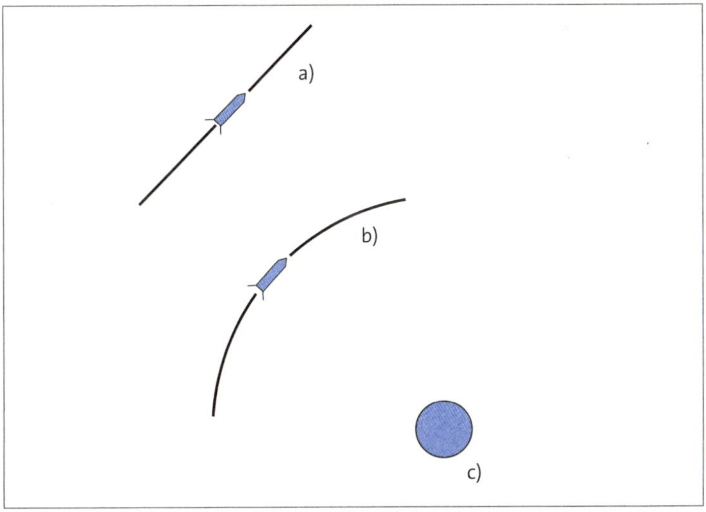

Abb. 38: Durch Verschiebungen um Abstände, die nicht überall dieselben sind, entsteht aus der geraden Bahn einer ausgebrannten Rakete im leeren Raum (a) die Bahn (b). Zwar nicht im leeren Raum, wohl aber im Schwerefeld der Masse (c) kann die Rakete sie im Einklang mit den Naturgesetzen durchlaufen.

nismus. Die lokalen Symmetrien, die von der Speziellen Relativitätstheorie zur Allgemeinen führen, erzwingen die Masse Null und den Spin 2 für deren Austauschteilchen namens Gravitonen.

Die lokalen Symmetrien der Theorien des Standardmodells beruhen auf Konventionen, die erforderlich sind, um Potentiale einzuführen. Das einfachste Potential ist die elektrische Spannung, gemessen zum Beispiel in Volt. In die Naturgesetze gehen nur Spannungsdifferenzen ein, so dass ein Spannungsnullpunkt willkürlich gewählt werden kann und muss. Dieser kann ohne beobachtbare Konsequenzen verschieden gewählt werden, seine überall gleiche Änderung ist folglich eine globale Symmetrietransformation. Wird der Spannungsnullpunkt an verschiedenen Orten verschieden gewählt, treten in der Theorie von Ort zu Ort Spannungsdifferenzen auf, die das Wirken von Kräften implizieren. Die QED bezieht diese ein und wird dadurch zu einer Theorie der Wechselwirkungen von elektrisch geladenen Teilchen durch Austausch von Photonen.

PLANCKSKALA

In den drei grundlegenden Theorien der Physik – Quantenmechanik, Spezielle sowie Allgemeine Relativitätstheorie – treten drei Konstanten auf: das Planck'sche Wirkungsquantum $\hbar$, die Lichtgeschwindigkeit c und die Gravitationskonstante G. Zusammen können sie in eine Länge, eine Masse und eine Zeit umgerechnet werden. Bei Verzicht auf Zahlenfaktoren wie 2, π oder 10^{23} liefern sie die nach Max Planck benannten Einheiten für Länge, Zeit und Masse: 10^{-35} Meter, 10^{-43} Sekunden und 10^{-5} Gramm. Ausgedrückt in diesen Einheiten besitzen $\hbar$, c und G den Zahlenwert eins.

Willkürlich sind diese Einheiten nicht. Auch außerirdische Physiker würden wegen der Universalität der Naturgesetze auf sie kommen. Das beobachtbare Universum ist gegenwärtig 10^{60} Plancklängen groß und dieselbe Zahl von Planckzeiten alt. Bei Unterschreitung der Plancklänge und/oder der Planckzeit als (total utopische) Auflösungen von Detektoren würde sich herausstellen, dass Raum und Zeit selbst den quantenmechanischen Unsicherheiten unterliegen. So auch das ganze Universum bis zur Planckzeit. Während die Planckzeit und die Plancklänge der Alltagserfahrung entrückt sind, ist ihr die Planckmasse als Masse eines Staubkörnchens zugänglich. Doch sie ist zu interpretieren als Masse eines Elementarteilchens. Ihre gigantische Größe tritt hervor, wenn wir sie uns in einen Raumbereich mit Planck'schen Abmessungen eingeschlossen denken: Die Plankkmasse einer Kugel mit der Plancklänge als Durchmesser besitzt die 10^{93}-fache Dichte von Wasser. Die TOE soll es ermöglichen, *alle* Naturkonstanten, z. B. den Radius des Wasserstoffatoms und die Masse des Elektrons, in den Planck'schen Größen als Einheiten zu berechnen.

GLOSSAR

Antiteilchen – Zu jedem Teilchen gibt es ein Antiteilchen mit entgegengesetzten Inneren Quantenzahlen sowie demselben Spin und derselben Masse. Teilchen, deren Innere Quantenzahlen verschwinden, sind ihre eigenen Antiteilchen. *s. S. 16ff., 34ff., 110ff.*

Austauschteilchen – Sammelname für die Teilchen *W*, *Z*, Photon γ und Gluon g mit Spin 1 des Standardmodells, die an die ▸Materieteilchen Quarks und Leptonen der drei Familien der Abb. 4 mit Spin 1/2 koppeln. Ihr Austausch ermöglicht direkte Reaktionen der Materieteilchen miteinander. In allgemeineren Diagrammen (Abb. 5d) treten auch Materieteilchen als Austauschteilchen auf. *s. S. 6ff., 22ff., 78ff.*

Baryonen – Teilchen mit starker Wechselwirkung und halbzahligem Spin. Die ▸Baryonenzahl von Protonen und Neutronen ist 1, die von Quarks 1/3. *s. S. 28ff., 84, 97*

Bosonen – Teilchen, von denen beliebig viele denselben Zustand annehmen können – und das bevorzugt auch tun. Ihr Spin ist ganzzahlig. *s. S. 6, 18, 99*

CERN – Europäisches Zentrum für Teilchenphysik in Genf. *s. S. 65, 85, 109*

Collider – Beschleuniger, in denen Teilchenstrahlen gegeneinander geschossen werden. *s. S. 65, 86, 102f.*

CPT-Theorem – Die aus Ladungsvertauschung C, Raumspiegelung P und Zeitumkehr T zusammengesetzte Transformation CPT lässt die Naturgesetze ungeändert. *s. S. 38, 72*

DESY – Das Deutsche Elektronen Synchrotron in Hamburg. *s. S. 68, 100, 104f.*

Deuterium – Isotop des Wasserstoffs, dessen Kern namens Deuteron aus einem Proton und einem Neutron aufgebaut ist. *s. S. 104, 112f., 115*

DORIS – Elektron-Positron-Collider am ▸DESY; nicht mehr in Betrieb. *s. S. 68, 71*

Elastische Streuung – Streuprozess, der die Natur der beteiligten Teilchen nicht ändert. *s. S. 46, 108*

Fermilab – Fermi National Accelerator Laboratory in der Nähe von Chicago; benannt nach Enrico Fermi. *s. S. 72, 103*

Fermionen – Teilchen, von denen niemals zwei gleiche denselben Zustand annehmen können. Ihr Spin ist halbzahlig. *s. S. 18, 72, 99*

Hadronen – Einzeln auftretende Teilchen, die an der Starken Wechselwirkung teilnehmen. Beispiele sind Protonen, Neutronen, π- und K-Mesonen und alle anderen Teilchen der Abb. 7, 10, 11. *s. S. 29f., 66ff., 74f.*

HERA – Hadron-Elektron-Ring-Anlage zur Kollision von Elektronen mit Protonen beim ▸DESY. *s. S. 5, 105, 109*

LEP – Elektron-Positron-Collider am ▸CERN mit der bisher höchsten Gesamtenergie (200 GeV); nicht mehr in Betrieb. *s. S. 65, 114ff.*

Leptonen – Sammelname für e, μ, τ, sowie deren ▸Antiteilchen, Neutrinos und Antineutrinos. Leptonen werden durch die Starke Wechselwirkung nicht direkt beeinflusst. Ihr Spin ist 1/2. *s. S. 6f., 61ff., 104f.*

LHC – Large Hadron Collider. Am CERN im Bau befindlicher Proton-Proton-Collider im Tunnel des ehemaligen LEP; soll 2007 in Betrieb genommen werden. Die Gesamtenergie wird mit 14 TeV die größte auf Erden jemals erreichte sein. *s. S. 62, 100, 103*

Materieteilchen – Sammelname für die Quarks und Leptonen der Abb. 4. Die stabile Materie ist aus den Quarks u und d sowie Elektronen aufgebaut, daher die Bezeichnung ihrer Gruppe von Teilchen. Ihr Spin ist 1/2. *s. S. 8*

Nukleonen – Sammelname für Protonen und Neutronen. *s. S. 25, 104ff., 109f.*

PETRA – Elektron-Positron-Collider am DESY; nicht mehr in Betrieb. *s. S. 76*

QCD – Abkürzung für Quantenchromodynamik. Theorie der Starken Wechselwirkung farbiger Quarks und Gluonen. *s. S. 77ff., 91ff, 120*

QED – Abkürzung für Quantenelektrodynamik. Theorie der Wechselwirkung elektrisch geladener Teilchen, insbesondere Elektronen und Positronen, durch Austausch von Photonen; ist in die Elektroschwache Theorie aufgegangen. *s. S. 57f., 78ff., 90ff.*

QFD – Abkürzung für Quantenflavordynamik. Theorie der Wechselwirkung der Quarks mit W und Z als ▸Austauschteilchen aufgrund ihrer Flavors. Bei Einbeziehung der Leptonen dasselbe wie das

Standardmodell der Elektroschwachen Wechselwirkung. *s. S. 80, 95, 120*

Quarks – Durch Gluonaustausch stark wechselwirkende elementare Bauteile der Hadronen mit Spin 1/2; treten nicht einzeln auf. *s. S. 5ff., 54ff., 91ff.*

Renormierung – Verfahren, bei Berechnungen von Feynman-Diagrammen auftretende unendliche Beobachtungsgrößen dadurch endlich zu machen, dass die Unendlichkeiten auf unbeobachtbare Parameter hinübergewälzt werden. Renormierbar heißt eine Theorie, bei der dieses Verfahren nicht so viele unbeobachtbare Parameter erfordert, dass die Theorie ihre Aussagekraft verliert. Die ▸Quantenelektrodynamik für sich allein und die Theorien des Standardmodells sind renormierbar, die Fermi-Theorie der Schwachen Wechselwirkung und die Yukawa-Theorie der Starken sind es nicht. *s. S. 4, 88*

SLAC – Stanford Linear Accelerator Center in Kalifornien. *s. S. 65, 86, 109*

SLC – Stanford Linear Collider. Auf einer 3 km langen Strecke bis zu je 50 GeV Energie beschleunigte Elektronen und Positronen wurden im SLC gegeneinander gelenkt. Der bis 1998 betriebenen Maschine ist im April 1989 – drei Monate vor ▸CERN – der erste Nachweis der Existenz des *Z*-Teilchens gelungen. *s. S. 65*

SPEAR – Ab 1972 Elektron-Positron-Collider am SLAC mit 4,8 GeV als maximaler Gesamtenergie; heute außer Betrieb. Entdeckung des J/ψ und des ψ' in der Elektron-Positron-Vernichtung 1974. *s. S. 67, 70*

Spin – Innerer Drehimpuls von Elementarteilchen. Kann ganzzahliges, Null eingeschlossen, oder halbzahliges Vielfaches von $\hbar = h/2\pi$ sein. *s. S. 17ff., 60, 120ff.*

Target – Materieller Auftreffpunkt eines Teilchenstrahls. *s. S. 71, 107*

TESLA – Prototyp eines Beschleunigers am DESY, der es ermöglichen soll, Elektronen und Positronen mit der Gesamtenergie von 500 GeV und mehr zusammenstoßen zu lassen. Als Länge der Beschleunigungsstrecken für Elektronen und Positronen sind zusammen 30 km vorgesehen. Ob und wo in der Welt ein solcher Beschleuniger gebaut wird, steht noch nicht fest. Nach LEP besitzt dieses Projekt die höchste Priorität unter den Elementarteilchenphysikern. *s. S. 100f., 104*

Tevatron – Proton-Antiproton-Collider am Fermilab. Collider mit der derzeit höchsten Gesamtenergie (2 TeV). *s. S. 62, 103*

Wirkungsquerschnitt – Maß für die Wahrscheinlichkeit des Auftretens von Endzuständen bei Reaktionen von Elementarteilchen. *s. S. 18, 50, 74f.*

Literaturhinweise

Barnett, R. Michael, Mühry, Henry und Quinn, Helen R.: The Charm of Strange Quarks. New York 2000.

Berger, Christoph: Elementarteilchenphysik. Heidelberg 2002.

Bethge, Klaus und Schröder, Ulrich E.: Elementarteilchen. Darmstadt 1986.

CERN COURIER. Monatlich erscheinende Zeitschrift des CERN. Kompetente Informationen zur Physik der Elementarteilchen.

Close, Frank, Marten, Michael und Sutton, Christine: The Particle Odyssey. Oxford 2002.

Coughlan, Guy und Dodd, James: Elementarteilchen. Braunschweig/Wiesbaden 1996.

Fraser, Gordon (Hg.): The Particle Century. Bristol and Philadelphia 1998.

Fritzsch, Harald: Quarks. München 1981.

Greene, Brian: Das elegante Universum. Berlin 2000.

Heuer, R.-D. et al. (Hg.): TESLA Technical Design Report, Part III, Physics at an e^+e^- Linear Collider. DESY Hamburg 2001.

Hilscher, Helmut: Elementare Teilchenphysik. Braunschweig/Wiesbaden 1996.

Hoddeson, Lilian et al. (Hg.): The Rise of the Standard Model. Cambridge 1997.

Höfling, Oskar und Waloschek, Pedro: Die Welt der kleinsten Teilchen. Reinbek 1984.

Huang, Kerson: Quarks, Leptons and Gauge Fields. Singapore 1992.

Kane, Gordon: Supersymmetry. Cambridge, Massachusetts 2000.

Kane, Gordon: The Particle Garden. Reading, Massachusetts 1995.

Komitee für ElementarTeilchenphysik KET: Teilchenphysik in Deutschland – Status und Perspektiven. KET 2002.

Lederman, Leon und Teresi, Dick: Das schöpferische Teilchen. München 1993.

Reichert, Uwe (Hg.): Vorstoß in den Mikrokosmos, Spektrum der Wissenschaft Digest. Heidelberg 2001.

Richard, F. et al. (Hg.): TESLA Technical Design Report, Part I, Executive Summary. DESY Hamburg 2001.

Rohlf, James William: Modern Physics from α to Z^0. New York 1994.

Segre, Emilio: From X-Rays to Quarks. Berkeley 1980.

Söding, P. H.: Die innersten Strukturen unserer Materie – wie man sie erforscht und was wir darüber wissen. In: Praxis der Naturwissenschaften – Physik in der Schule, Juni 2002, S. 2.

Sutton, Christine: Spaceship Neutrino. Cambridge 1992.

Trefil, James F.: From Atoms to Quarks. London 1980.

Waloschek, Pedro: Neuere Teilchenphysik – einfach dargestellt. Köln 1989.

Watinks, Peter: Story of the *W* and *Z*. Cambridge 1986.

Weinberg, Steven: The discovery of subatomic particles. New York 1983.

Weinberg, Steven: The Quantum Theory of Fields I – III. Cambridge 1995, 1996, 2000.

Wilczek, Frank: Scaling Mount Planck I – III. In: Physics Today, Juni 2001, S.12; November 2001, S. 12; August 2002, S. 10.

Abbildungsnachweis: Abb. 1, 4, 20: nach der Broschüre des Komitee für Elementarteilchenphysik KET; Abb. 23, 28: nach Berger, 2002; Abb. 2, 3: nach www.desy.de; Abb. 22: DESY, Hamburg; Abb. 26: S. G. Abrams et al., Phys. Rev. Letters 34, 1181 (1975); Abb. 32: nach Bethge, 1986; Abb. 36: nach Schopper, Herwig: Materie und Antimaterie, 1978; Abb. 37: nach Genz, Henning: Symmetrie – Bauplan der Natur, 1987; Abb. 38: nach Genz, Henning und Decker, Roger: Symmetrie und Symmetriebrechung in der Physik, 1991.